쓸모 있는 생활 속
원소 118

쓸모 있는 생활 속
원소 118

ⓒ 김용희, 2025

초판 1쇄 인쇄일 2025년 10월 27일
초판 1쇄 발행일 2025년 11월 05일

지은이 김용희
펴낸이 김지영   **펴낸곳** 지브레인^{Gbrain}
편집 김현주
제작 · 관리 김동영   **마케팅** 조명구

출판등록 2001년 7월 3일 제2005-000022호
주소 04021 서울시 마포구 월드컵로7길 88 2층
전화 (02)2648-7224   **팩스** (02)2654-7696

ISBN 978-89-5979-808-7(03430)

- 책값은 뒤표지에 있습니다.
- 잘못된 책은 교환해 드립니다.

쓸모 있는
생활 속

원소 118

김용희 지음

지브레인

 머리말

원소로 쓰여진 세상 이야기

파란 하늘에 흰 구름이 떠 있고, 푸른 바다가 펼쳐진 풍경을 바라보면 누구나 기분이 상쾌해진다. 이때 '공기에는 질소가 78%, 산소가 21% 들어 있어서 숨쉬기 좋구나'라고 생각하는 사람은 거의 없다.

파도를 타다 입으로 들어온 바닷물의 짠맛을 느끼며 '나트륨과 염소가 만나 이렇게 짜구나'라고 떠올리기도 쉽지 않다.

하지만 이 모든 것은 결국 원소다. 지금 우리 눈앞에 보이는 유리창, 노트북, 컵, 휴대전화, 책 등은 모두 원소로 이루어진 물질이다.

원소는 물질을 이루는 기본 성분으로 더 이상 화학적인 방법으로는 분해되지 않는다. 그러면 손에 들고 있는 휴대전화는 어떤 원소로 이루어져 있을까? 막상 떠올리려 하면 어떤 원소인지 생각이 안 난다. 그럴 땐 탄소, 수소, 산소로 시작해보자. 이 세 원소는 물질의 기본 구성 원소라고 할 만큼 다양한 물질을 만들어내니까.

우리에게 원소란 주기율표 속 기호들로 1번 수소부터 20번 칼슘까지 이름 첫 자를 모아서 만든 노래로 이름을 익히고 그 성질을 달달 외워서 시험지에 적어야 하는 낯설면서 어려운 존재이다.

현재까지 알려진 원소는 118가지이며, 이 중 자연에서 발견되는 것은 92가지이다. 그중 우리가 직접 만져볼 수 있는 순수한 원소는 많지 않다. 뭐든 원소라고 생각되는 것을 떠올려보자. 아, 금반지! 그런데 그건 100% 순수한 금 원소가 아닐 수도 있다.

다이아몬드? 탄소로만 이루어진 원소 광물은 맞다. 하지만 색을 가지고 있다면 다른 원소가 구조 내에 끼어들어 있는 것이다. 구리 동전? 구리와 다른 원소의 합금이다.

이처럼 우리 주변의 대부분 물질은 여러 원소가 결합한 화합물이다.

원소의 종류와 결합 방식에 따라 새로운 성질을 가진 물질이 만들어지며, 그 수는 수십만 종에 이른다.

이 물질들의 성질을 이용해 우리는 생활에 필요한 모든 것을 만들어낸다.

따라서 우리 주변의 물질을 이루는 원소 하나하나를 구별해내기는 쉽지 않지만, 세상은 결국 118가지의 원소로 이루어져 있다.

현재 관세 전쟁에서 자주 언급되는 희토류를 살펴보자. 뉴스에 자주 언급되는 희토류는 첨단 산업에 꼭 필요한 17가지 원소를 통칭하는 말이다. 스칸듐, 이트륨, 란탄족 원소들로 들어본 적도 거의 없는 낯선 이름의 원소들이지만 스마트폰, 태양광, 전기차 배터리, 반도체를 만드는 데 꼭 필요한 원소이다. 현대산업의 필수 원소라 각 나라들 사이에서 이 자원을 확보하고 통제하려는 경쟁이 희토류 전쟁이라고도 표현할 정도이다.

이 책은 세상을 이루는 다양한 원소가 어떤 성질을 가지고, 어디에 어떻게 사용되는지를 다루었다. 여러 자료를 참고해 각 원소의 특징과 쓰임을 정리하고, 성질을 시각적으로 비교할 수 있도록 육각 그래프도 함께 실었다.

모든 내용을 다 담을 수는 없지만, 원소 하나하나가 가진 이야기를 통해 우리가 사는 세상을 구성하는 기본 단위에 조금 더 가까워질 수 있기를 바란다. 그러니 부디 이 책을 읽으며 이런 원소도 있구나! 이 원소는 여기에 사용하는구나 알아가는 동안 우리가 살아가는 세상이 얼마나 다양한 원소들로 이루어져 있는지, 그리고 그 조합이 얼마나 놀라운 결과를 만들어내는지를 즐겁게 살펴볼 수 있었으면 하는 바람이다.

차례

머리말	4
1장 우리가 사는 세상을 만들다	7
2장 생활 속에서 만나는 원소 118	25

수소 (Hydrogen, H)	26
헬륨 (Helium, He)	28
리튬 (Lithium, Li)	30
베릴륨 (Beryllium, Be)	32
붕소 (Boron, B)	34
탄소 (Carbon, C)	36
질소 (Nitrogen, N)	39
산소 (Oxygen, O)	41
플루오린/불소 (Fluorine, F)	43
네온 (Neon, Ne)	45
나트륨/소듐 (Sodium, Na)	47
마그네슘 (Magnesium, Mg)	49
알루미늄 (Aluminum, Al)	51
규소 (Silicon, Si)	53
인 (Phosphorus, P)	55
황 (Sulfur, S)	57
염소 (Chlorine, Cl)	59
아르곤 (Argon, Ar)	61
칼륨/포타슘 (Potassium, K)	63
칼슘 (Calcium, Ca)	65
스칸듐 (Scandium, Sc)	67
티타늄/타이타늄 (Titanium, Ti)	69
바나듐 (Vanadium, V)	71
크롬/크로뮴 (Chromium, Cr)	73
망간/망가니즈 (Manganese, Mn)	75
철 (Iron, Fe)	77
코발트 (Cobalt, Co)	79
니켈 (Nickel, Ni)	81
구리 (Copper, Cu)	83
아연 (Zinc, Zn)	85
갈륨 (Gallium, Ga)	87
게르마늄/저마늄 (Germanium, Ge)	89
비소 (Arsenic, As)	91
셀레늄 (Selenium, Se)	93
브롬/브로민 (Bromine, Br)	95
크립톤 (Krypton, Kr)	97
루비듐 (Rubidium, Rb)	99
스트론튬 (Strontium, Sr)	101
이트륨 (Yttrium, Y)	103
지르코늄 (Zirconium, Zr)	105
나이오븀 (Niobium, Nb)	107
몰리브덴 (Molybdenum, Mo)	109
테크네튬 (Technetium, Tc)	111
루테늄 (Ruthenium, Ru)	112
로듐 (Rhodium, Rh)	114
팔라듐 (Palladium, Pd)	116
은 (Silver, Ag)	118
카드뮴 (Cadmium, Cd)	120
인듐 (Indium, In)	122
주석 (Tin, Sn)	124
안티몬/안티모니 (Antimony, Sb)	126
텔루륨 (Tellurium, Te)	128
요오드/아이오딘 (Iodine, I)	130
제논 (Xenon, Xe)	132
세슘 (Cesium,Cs)	134
바륨 (Barium, Ba)	136
란탄/란타넘 (Lanthanum, La)	138
세륨 (Cerium, Ce)	140
프라세오디뮴 (Praseodymium, Pr)	142
네오디뮴 (Neodymium, Nd)	144
프로메튬 (Promethium, Pm)	146
사마륨 (Samarium, Sm)	148
유로퓸 (Europium, Eu)	150
가돌리늄 (Gadolinium, Gd)	152
터븀 (Terbium, Tb)	154
디스프로슘 (Dysprosium, Dy)	156
홀뮴 (Holmium, Ho)	158
어븀 (Erbium, Er)	160
툴륨 (Thulium, Tm)	162
이터븀 (Ytterbium, Yb)	164
루테튬 (Lutetium, Lu)	166
하프늄 (Hafnium, Hf)	168
탄탈럼 (Tantalum, Ta)	170
텅스텐 (Tungsten, W)	172
레늄 (Rhenium, Re)	174
오스뮴 (Osmium,Os)	176
이리듐 (Iridium, Ir)	178
백금 (Platinum, Pt)	180
금 (Gold, Au)	182
수은 (Mercury, Hg)	184
탈륨 (Thallium, Tl)	186
납 (Lead, Pb)	188
비스무트 (Bismuth, Bi)	190
폴로늄 (Polonium, Po)	192
아스타틴 (Astatine, At)	194
라돈 (Radon, Rn)	195
프랑슘 (Francium, Fr)	197
라듐 (Radium, Ra)	198
악티늄 (Actinium, Ac)	200
토륨 (Thorium, Th)	201
프로트악티늄 (Protactinium, Pa)	203
우라늄 (Uranium, U)	204
넵투늄 (Neptunium, Np)	206
플루토늄 (Plutonium, Pu)	208
아메리슘 (Americium, Am)	210
퀴륨 (Curium, Cm)	211
버클륨 (Berkelium, Bk)	213
캘리포늄 (Californium, Cf)	214
아인슈타이늄 (Einsteinium, Es)	215
페르뮴 (Fermium, Fm)	216
멘델레븀 (Mendelevium, Md)	217
노벨륨 (Nobelium, No)	218
로렌슘 (Lawrencium, Lr)	219
러더포듐 (Rutherfordium, Rf)	220
더브늄 (Dubnium, Db)	221
시보 (Seaborgium, Sg)	222
보륨 (Bohrium, Bh)	223
하슘 (Hassium, Hs)	224
마이트너늄 (Meitnerium, Mt)	225
다름슈타튬 (Darmstadtium, Ds)	226
뢴트게늄 (Roentgenium, Rg)	227
코페르니슘 (Copernicium, Cn)	228
니호늄 (Nihonium, Nh)	229
플레로븀 (Flerovium, Fl)	230
모스코븀 (Moscovium, Mc)	231
리버모륨 (Livermorium, Lv)	232
테네신 (Tennessine, Ts)	233
오가네손 (Oganesson, Og)	234

1장 별에서 온 재료 원소,
우리가 사는 세상을 만들다

1. 물질을 이루는 기본 요소는 무엇일까?

지구는 암석으로 이루어진 행성이다. 우리가 발을 딛고 있는 지각은 암석으로 이루어져 있다. 이 암석을 이루고 있는 물질에 대해 생각해 본 적이 있는가?

암석은 여러 가지 광물로 이루어져 있다. 석영, 장석, 흑운모, 각섬석 등이 주로 암석을 이루는 광물이다. 이 광물은 산소, 규소, 탄소, 구리, 은, 금 등의 원소로 이루어져 있다.

그럼 산소, 규소, 탄소, 구리, 은, 금 같은 원소는 무엇으로 이루어져 있을까? 안타깝게도 원소는 화학적 방법으로 더이상 다른 물질로 분리할 수 없다. 즉, 원소는 모든 물질을 구성하는 기본적인 요소라는 이야기다.

물질을 구성하는 기본적인 요소라고 하면 원자도 같이 떠오를 것이다.

원자(atom)는 '쪼갤 수 없다'는 뜻의 그리스어 'atmos'에서 유래된 단어로 더 이상 쪼갤 수 없는 물질을 이루는 기본 입자로 정의한다. 물론 더 작은 입자로 쪼갤 수 있다는 걸 알지만 원소를 이야기할 때는 원자 수준으로 한정해서 이야기하겠다.

그러면 원자와 원소는 무슨 차이일까? 원자는 물질의 기본이 되는 입자로 1개, 2개로 셀 수 있는 구체적인 개념이다. 반면 원소는 화학적 성질에 따라 각기 다른 원자들의 종류로 양성자의 수에 따라 나눌 수 있다.

원자는 양성자와 중성자가 결합된 원자핵과 그 주위를 도는 전자로 이루어져 있다.

이 양성자와 중성자, 그리고 전자들이 어떻게 결합되었는가에 따라 여러 가지 원소가 만들어진다.

예를 들어 양성자 하나와 전자 하나가 만나면 수소 원소가 되고 양성자 2개와 중성자 2개, 전자 2개가 만나면 헬륨 원소가 된다. 이런 식으로 양성자와 전자, 중성자 숫자가 늘어나면서 원소가 하나씩 만들어진다.

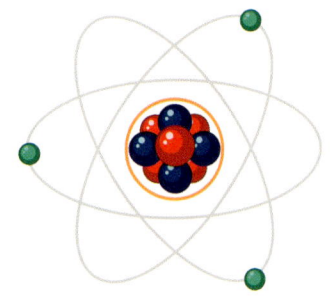

원자 구조

원자와 원소를 비교하는 예로 물을 살펴보자.

물은 수소와 산소라는 2가지 원소로 이루어져 있고 수소원자 2개와 산소원자 1개가 결합하여 물의 성질을 가진 가장 작은 입자인 물분자가 된다.

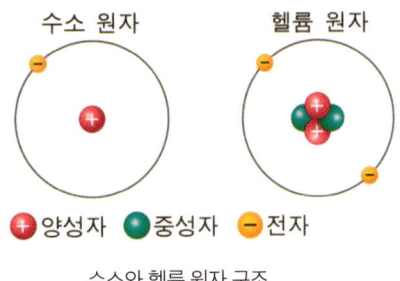

수소와 헬륨 원자 구조

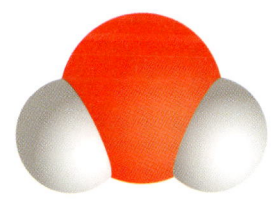

물분자 모형

한 가지 이상의 원소들이 서로 결합하여 우리와 우리 주변을 이루는 물질을 만든다. 지금 눈 앞에 보이는 책, 휴대전화, 화장지, 노트북 등은 모두 하나 이상의 원소로 이루어진 순물질이나 혼합물이다. 휴대전화를 예로 알아보자. 그림에서 보듯이 부품마다 다양한 원소들로 이루어져 있다.

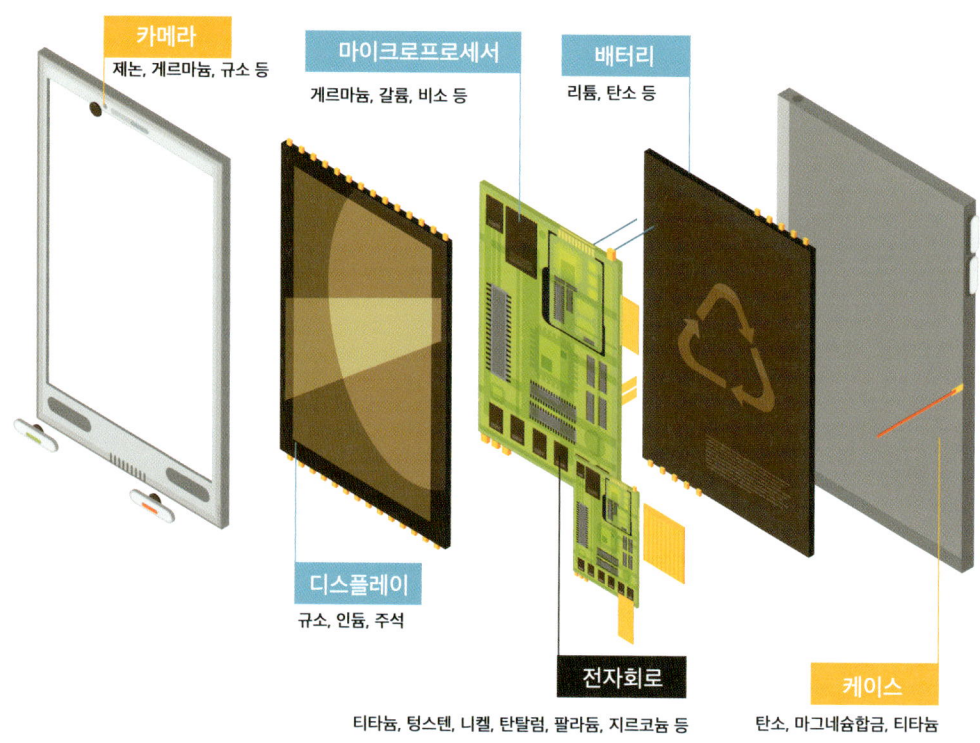

휴대전화 속 다양한 원소들

그럼 원소는 대체 몇 가지나 되길래 이 세상의 모든 물질을 만들어낼 수 있을까? 2016년까지 명명된 원소는 총 118종으로, 자연에 존재하는 원소는 약 90종 정도이고 나머지는 인공적으로 만들어진 원소이다. 이 원소들이 화학반응하여 만들어지는 화합물이 수천 만 종이 넘으며 지구뿐 아니라 우주의 다양한 물질들도 만들어낼 수 있다.

2. 원소는 어떻게 만들어졌을까?

과학자들에 의하면 우주의 탄생과 함께 원소도 만들어졌다. 약 138억 년 전에 빅뱅이라는 대폭발이 일어나면서 우주에 퍼진 소립자들이 융합하여 양성자와 중성자, 전자가 만들어졌다. 양성자 하나는 자체로 수소 원자핵이 되고 양성자와 중성자가 결합하면서 헬륨 원자핵과 소량의 리튬 원자핵, 베릴륨 원자핵 등이 만들어졌다.

이후 시간이 지나며 우주가 서서히 식으면서 원자핵들이 전자와 결합하면서 최초의 원소인 수소를 시작으로 헬륨, 리튬 같은 가벼운 원소들이 만들어졌다.

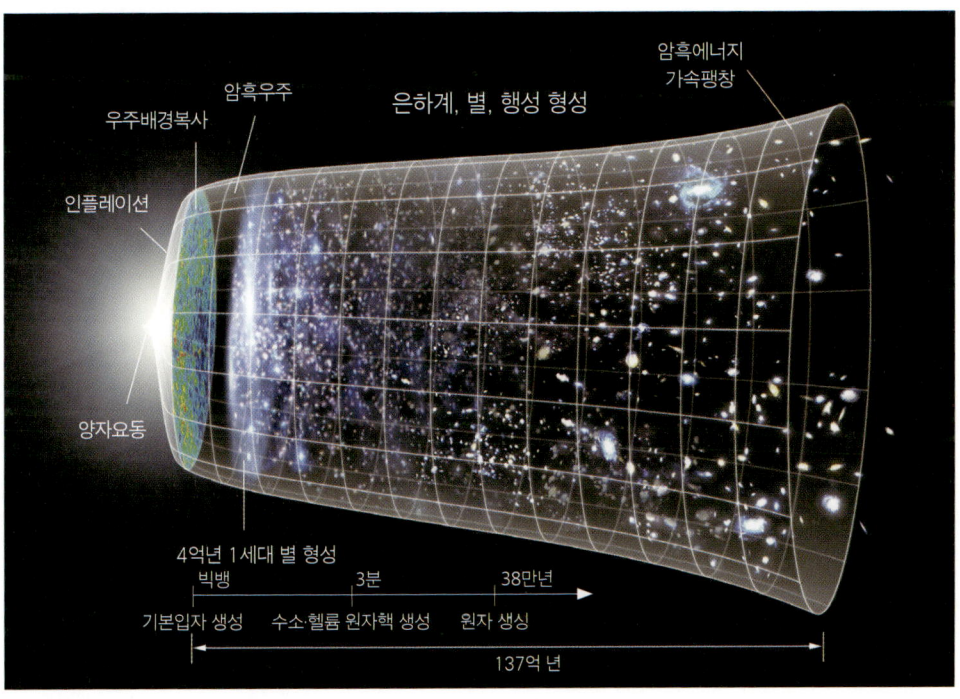

수소는 뭉쳐서 항성을 만들고 그 별의 내부에서 다양한 핵융합 반응이 일어나면서 탄소, 산소, 마그네슘, 철까지의 무거운 원소들이 만들어졌다.

대형 항성이 팽창하면 중심핵이 수축되고 점점 온도가 상승하면서 초신성 폭발이라는 대폭발을 일으키는 데 이때 철보다 무거운 원소들이 탄생한 것으로 보고 있다.

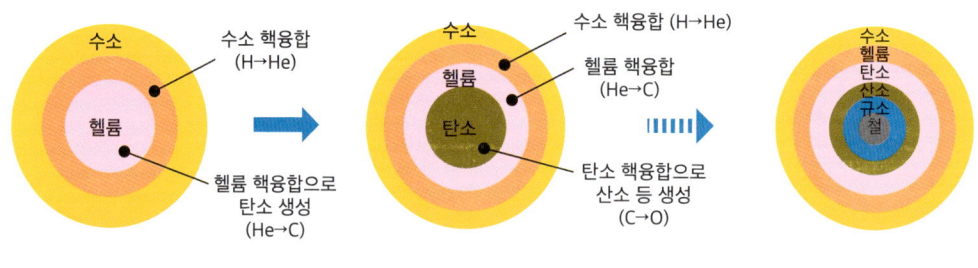

▲ 질량이 태양보다 훨씬 큰 별의 내부에서 탄소~철의 생성과정

▲ 질량이 태양보다 훨씬 큰 별의 내부 구조

▲ 질량이 태양과 비슷한 별의 내부에서 헬륨과 탄소의 생성 과정

▲ 질량이 태양과 비슷한 별의 내부 구조

금이 왜 귀할까? 금은 초신성 폭발뿐 아니라 중성자별 2개가 충돌하며 킬로노바

를 만들 때 만들어진다고 보고 있다.

이렇게 우주에서 형성된 금 중 지구에 다다른 대부분은 지구의 핵으로 가라앉았다. 그래서 지각이나 지표면에 존재하는 금의 비율이 낮으니 귀할 수밖에 없다.

그럼 우리 몸을 이루는 원소는 어디에서 왔을까? 우주가 만들어질 때 생성된 원소들이 지금 우리 몸을 이루고 있다. 그러니 어쩌면 우주를 향한 인간의 호기심과 우주로 나가기 위한 끊임없는 연구는 본질적인 근원에 대한 끌림 때문인지도 모른다.

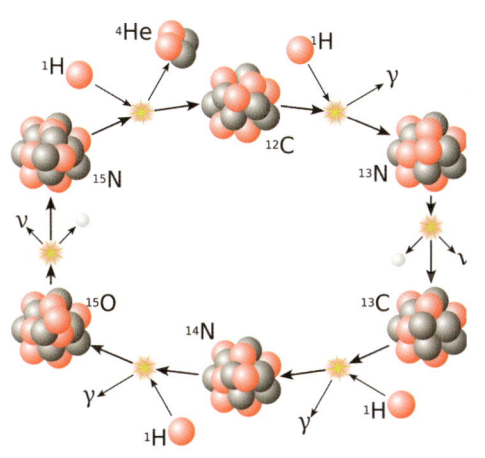

탄소 질소 산소 핵합성 사이클

수리 성운 창조의 기둥 - 별이 태어나고 있다.

3. 원소들은 어디에 얼마나 존재할까?

태양계에는 원소들이 얼마나 존재할까?

태양계에 존재하는 원소들을 비율로 볼 때 수소와 헬륨이 가장 많고 우라늄이 가장 적다. 태양계의 70.7%가 수소, 27.4%가 헬륨, 그 외 원소는 2%도 안 된다.

그렇다면 우주 전체에는 원소들이 어떻게 존재할까? 그리고 지구는 어떨까?

우주와 지구는 원소가 존재하는 정도가 각각 다르다. 물론 대기와 지각도 원소들이 존재하는 비율이 각각 다르다.

그렇다면 바닷물은 어떨까? 사람 몸의 원소 비율은 또 어떨까? 간단히 그림으로 알아보자.

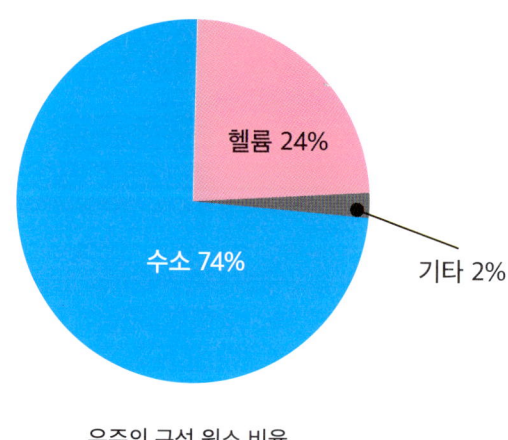

우주의 구성 원소 비율

우주는 알려지지 않은 암흑 물질을 제외하면 수소와 헬륨이 대부분을 차지한다.

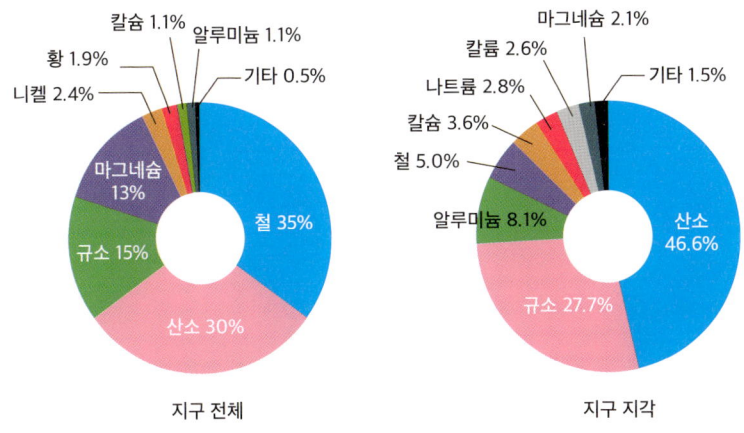

지구는 철과 산소, 규소가 대부분을 차지한다.   지각은 산소와 규소가 대부분을 차지한다.

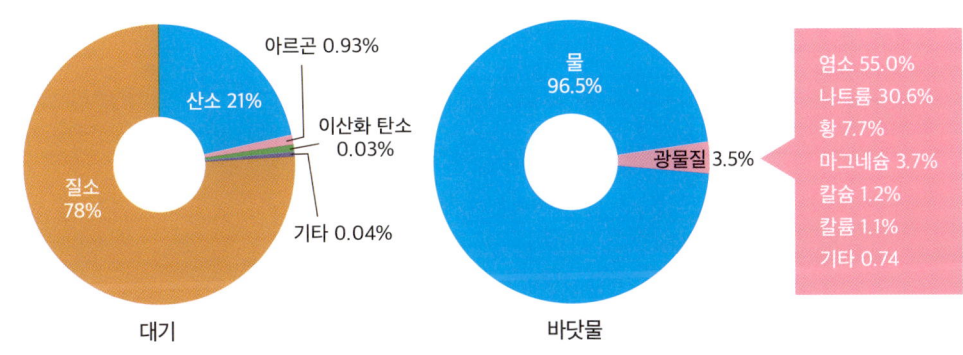

대기는 질소와 산소가 대부분을 차지한다.   바닷물은 물을 제외하면 나트륨과 염소가 대부분을 차지한다.

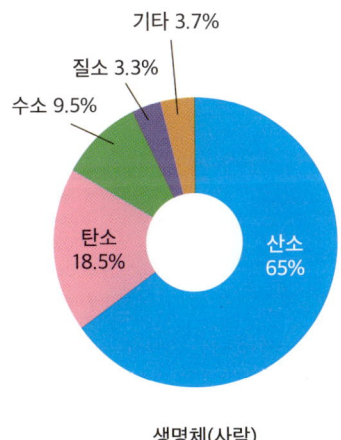

사람은 산소와 탄소가 대부분을 차지한다.

4. 원소는 어떻게 발견했을까?

현대적인 원소의 개념이 제안된 것은 17세기 이후지만 고대부터 사람들은 물질이 무엇으로 되어 있는가에 대한 여러 가지 생각을 해왔다. 그중 금, 은, 구리, 주석, 철 등은 고대부터 사람들이 발견하여 여러 가지로 이용해왔다. 청동기 시대, 철기 시대처럼 어떤 원소를 발견하고 이용한 것을 시대를 구분하는 기준으로 삼기도 하니 원소와 인류는 긴밀한 관계라고 볼 수 있다.

고대부터 중세까지는 만물이 불, 물, 흙, 공기의 네 가지로 이루어져 변화할 수 있다고 믿었다. 그리고 금을 얻기 위한 연금술이 발달하면서 여러 가지 원소들이 더 발견되었다.

데모크리토스 : 만물 원자설   아리스토텔레스 : 4원소 변환설   연금술 발전으로 실험기구 및 시약 개발

17세기 이후 화학자들은 공기가 혼합물이라는 것과 물이 화합물이라는 것을 발견하면서 원소와 화합물의 차이를 알게 되었다. 또한 화학에 대한 과학적 접근이 활발해지면서 새로운 원소들이 많이 발견되었다. 과학자들은 이 원소들을 물리화

학적 성질과 화학반응 등을 기준으로 분류를 하기 시작했다.

그중 19세기 러시아의 화학자 멘델레예프는 그때까지 발견된 원소들의 규칙성을 이용하여 최초의 주기율표를 만들었다. 멘델레예프의 주기율표에는 새롭게 발견될 원소들을 위한 빈 칸이 있었는데 몇 년 안에 이 원소들이 여러 개 발견되었다.

20세기에는 자연에 존재하는 모든 원소를 발견, 분리해냈고 그 뒤로도 인공원소를 합성해나가면서 현재 알려진 원소는 118가지이다.

근대

로버트 보일 : 원소 개념 도입, 실험을 통한 근대 화학 기초 확립

라부아지에 : 원소와 화합물 구분. 질량 보존 법칙

존 돌턴 : 원자설 제창. 배수비례의 법칙

멘델레예프 : 최초의 주기율표

베르셀리우스 : 현대 원소 기호 표기

현대

자연에 존재하는 원소는 모두 발견했고 현재는 인공원소를 발견, 합성하고 있다.

5. 주기율표

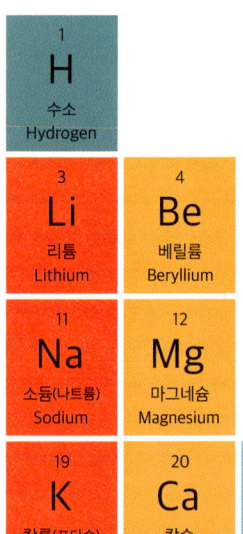

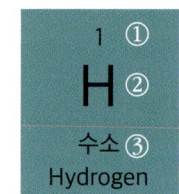

①는 '원자 번호'- 원자핵을 구성하는 양성자의 수

②은 '원소기호'- 대개 원소의 영문명이나 라틴어명 등의 첫 글자나 약칭. 세계 공통 기호

③은 국제적으로 통용되는 원소의 영어 이름은 2007년부터 국제순수응용화학연합(IUPAC)에서 결정한대로 부름

																	2 **He** 헬륨 Helium
												5 **B** 붕소 Boron	6 **C** 탄소 Carbon	7 **N** 질소 Nitrogen	8 **O** 산소 Oxygen	9 **F** 불소(플루오린) Fluorine	10 **Ne** 네온 Neon
												13 **Al** 알루미늄 Aluminium	14 **Si** 규소 Silicon	15 **P** 인 Phosphorus	16 **S** 황 Sulfur	17 **Cl** 염소 Chlorine	18 **Ar** 아르곤 Argon
									28 **Ni** 니켈 Nickel	29 **Cu** 구리 Copper	30 **Zn** 아연 Zinc	31 **Ga** 갈륨 Gallium	32 **Ge** 게르마늄(저마늄) Germanium	33 **As** 비소 Arsenic	34 **Se** 셀레늄 Selenium	35 **Br** 브롬 Bromine	36 **Kr** 크립톤 Krypton
									46 **Pd** 팔라듐 Palladium	47 **Ag** 은 Silver	48 **Cd** 카드뮴 Cadmium	49 **In** 인듐 Indium	50 **Sn** 주석 Tin	51 **Sb** 안티몬(안티모니) Antimony	52 **Te** 텔루륨 Tellurium	53 **I** 요오드(아이오딘) Iodine	54 **Xe** 제논 Xenon
									78 **Pt** 백금 Platinum	79 **Au** 금 Gold	80 **Hg** 수은 Mercury	81 **Tl** 탈륨 Thallium	82 **Pb** 납 Lead	83 **Bi** 비스무트 Bismuth	84 **Po** 폴로늄 Polonium	85 **At** 아스타틴 Astatine	86 **Rn** 라돈 Radon
									110 **Ds** 다름슈타튬 Darmstadtium	111 **Rg** 뢴트게늄 Roentgenium	112 **Cn** 코페르니슘 Copernicium	113 **Nh** 니호늄 Nihonium	114 **Fl** 플레로븀 Flerovium	115 **Mc** 모스코븀 Ununperntium	116 **Lv** 리버모륨 Livermorium	117 **Ts** 테네신 Tennessine	118 **Og** 오가네손 Oganesson

63 **Eu** 유로퓸 Europium	64 **Gd** 가돌리늄 Gadolinium	65 **Tb** 터븀 Terbium	66 **Dy** 디스프로슘 Dysprosium	67 **Ho** 홀뮴 Holmium	68 **Er** 어븀 Erbium	69 **Tm** 툴륨 Thulium	70 **Yb** 이터븀 Ytterbium	71 **Lu** 루테튬 Lutetium
95 **Am** 아메리슘 Americium	96 **Cm** 퀴륨 Curium	97 **Bk** 버클륨 Berkelium	98 **Cf** 캘리포늄 Californium	99 **Es** 아인슈타이늄 Einsteinium	100 **Fm** 페르뮴 Fermium	101 **Md** 멘델레븀 Mendelevium	102 **No** 노벨륨 Nobelium	103 **Lr** 로렌슘 Lawrencium

6. 원소의 분류

주기율표의 가로줄은 '주기'라고 하는데 같은 주기의 원소는 같은 수의 '전자껍질'을 가진다. 세로줄은 '족'이라고 하는데 같은 족의 원소는 가장 바깥 껍질의 전자 수가 같다. 바깥 껍질의 전자수가 원소의 화학적 성질을 결정하기 때문에 같은 족끼리 비슷한 화학적 성질을 가진다. 또 전기 음성도, 이온화 에너지, 금속성, 화학 반응성 등 비슷한 성질을 가진 원소들이 일정한 간격을 두고 위치하게 된다.

주기율표의 원소는 화학적, 물리적 성질에 따라 몇 가지 그룹으로 분류되는데 구분 방법은 기준에 따라 차이가 있다. 크게 원소는 금속과 비금속으로 나눈다. 그런데 금속과 비금속의 중간성질을 갖는 원소도 있어서 그룹이 점점 세분화되어 여러 기준에 따라 구역별이나 그룹으로 나누기도 한다.

화학적 성질에 따라 칸의 색을 다르게 칠해서 주기율표에서의 위치에 따라 그 원소의 화학적 성질을 대략적으로 가늠할 수 있다.

여기서는 비슷한 화학적 성질을 가진 원소 그룹 중 이름이 붙은 몇 가지 그룹의 성질을 살펴보자.

① 알칼리금속

1족 원소(1가 양이온). 반응성이 매우 커서 물, 산소와 빠르게 반응한다. 원자 번호가 클수록 반응성이 크다. 물과 반응하면 수소 기체를 발생하며 강한 알칼리 용액이 된다.

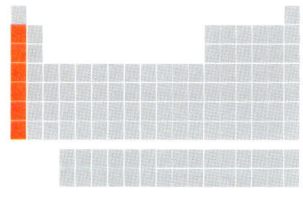

② 알칼리토금속

2족 원소(2가 양이온). 지각 내 존재량이 풍부하여 다양하게 활용된다. 물이나 산과 반응하여 수소 기체를 발생시킨다. 1족 원소와 달리 아주 뜨거운 경우에만 물과 반응하며 물에 녹으면 알칼리 용액을 만든다.

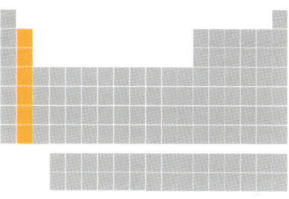

③ 전이금속

3~11족 원소. 널리 알려져 있고 가장 많이 사용되는 금속 원소이다. 전기와 열의 전도체로 전성이 좋고 가공성이 좋아 다양한 형태로 만들어 사용된다. 1, 2족 원소보다 반응성이 낮아 자연에서 순수한 상태로 발견되기도 한다. 반응을 촉진시키는 촉매로 사용되고 서로 잘 섞여서 다양한 합금을 만든다.

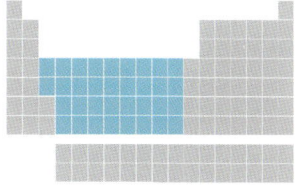

④ 기타 금속 등

12~16족 원소. 금속 성질에 가까운 기타 금속, 금속과 비금속 성질의 중간 성질을 가진 준금속, 전기가 통하지 않는 비금속 원소들로 붕소족, 탄소족, 질소족, 산소족이 속한다. 생명, 농업, 화학, 산업, 반도체 같은 첨단 분야 등에 다양하게 사용된다.

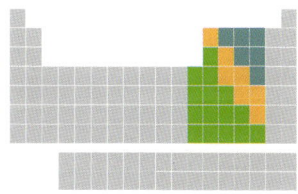

⑤ 할로젠

17족 원소(1가 음이온). 반응성이 매우 높은 비금속 원소로 거의 모든 원소와 반응한다. 실온에서 이원자 분자로 존재한다. 다양한 강산의 핵심 원소이며 수소, 금속 원소와 잘 반응한다. 소금을 뜻하는 그리스어인 할스(hals)에서 유래한 할로젠은 금속과 반응하여 소금 비슷한 화합물을 만든다. 대부분 독성이 강하다.

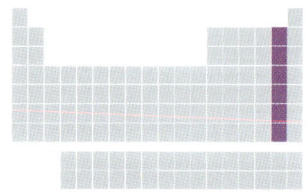

⑥ 비활성기체

18족. 비활성기체로, 안정한 상태라 화학 결합을 하지 않는다. 같은 종류 원자들과도 반응하지 않아 일원자 분자 상태로 존재한다. 끓는점이 매우 낮고 반응성도 매우 낮아서 물질 보호나 조명 램프 제조 시 충전재로 사용한다. 예외적으로 할로젠 원소와는 반응한다.

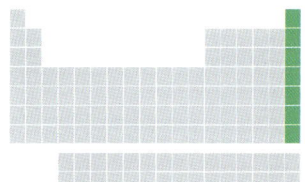

⑦ 란탄족

광석 안에 아주 적은 양이 존재하는 희토류 금속 원소로 여러 광석에서 추출한다. 비교적 연한 금속으로 공기 중 산소와 격렬하게 반응한다. 촉매나 자석, 유용한 합금에 사용한다.

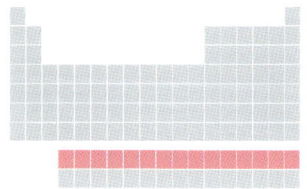

⑧ 악티늄족

많은 양성자를 가진 무거운 방사성 원소로, 자발적으로 붕괴되면서 입자를 방출하고 다른 원소로 변한다.

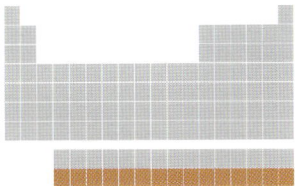

7. 이 책의 사용 설명서

네모칸

① **원자 번호** : 원자핵을 구성하는 양성자의 수

② **원소 기호** : 세계 공통 기호로 대개 원소의 영문명이나 라틴어명 등의 첫 글자나 약칭.

③ **원소 이름** : 국제적으로 통용되는 원소의 영어 이름. (2007년부터 IUPAC 결정에 따름)

④ **원자량** : IUPAC (2022년 기준) 참조

⑤ **화학계열** : 원소 8분류 중 어디에 속했는가

⑥ **자연/인공** - 자연에서 발견한 원소인가? 실험실에서 만든 원소인가?

⑦ **녹는점 / 끓는점**

⑧ **희소금속**(우리나라 기준 희소금속) : 매장량이 적거나 경제성 있는 추출이 어렵거나 공급에 위험성이 있는 금속 원소. 35종 56개

⑨ **친한 원소** : 얼마나 다양한 원소들과 결합하는가?

육각 그래프

* 해당 원소에 대한 여러 특징을 이해하기 쉽게 그래프로 표시했다.

⑩ **이온화 에너지** : 첫 번째 이온화 에너지가 얼마나 큰가?

⑪ **대중성** : 대중들이 알 정도로 인지도가 높은가?

⑫ **풍부성** : 지구에서 쉽게 찾을 수 있는 원소인가?

⑬ **필요성** : 인체에 필요한 원소인가?

⑭ **실용성** : 실생활에 많이 이용되는가?

⑮ **안전성** : 취급이 위험하지 않고 생물에게 독성이 없는가?

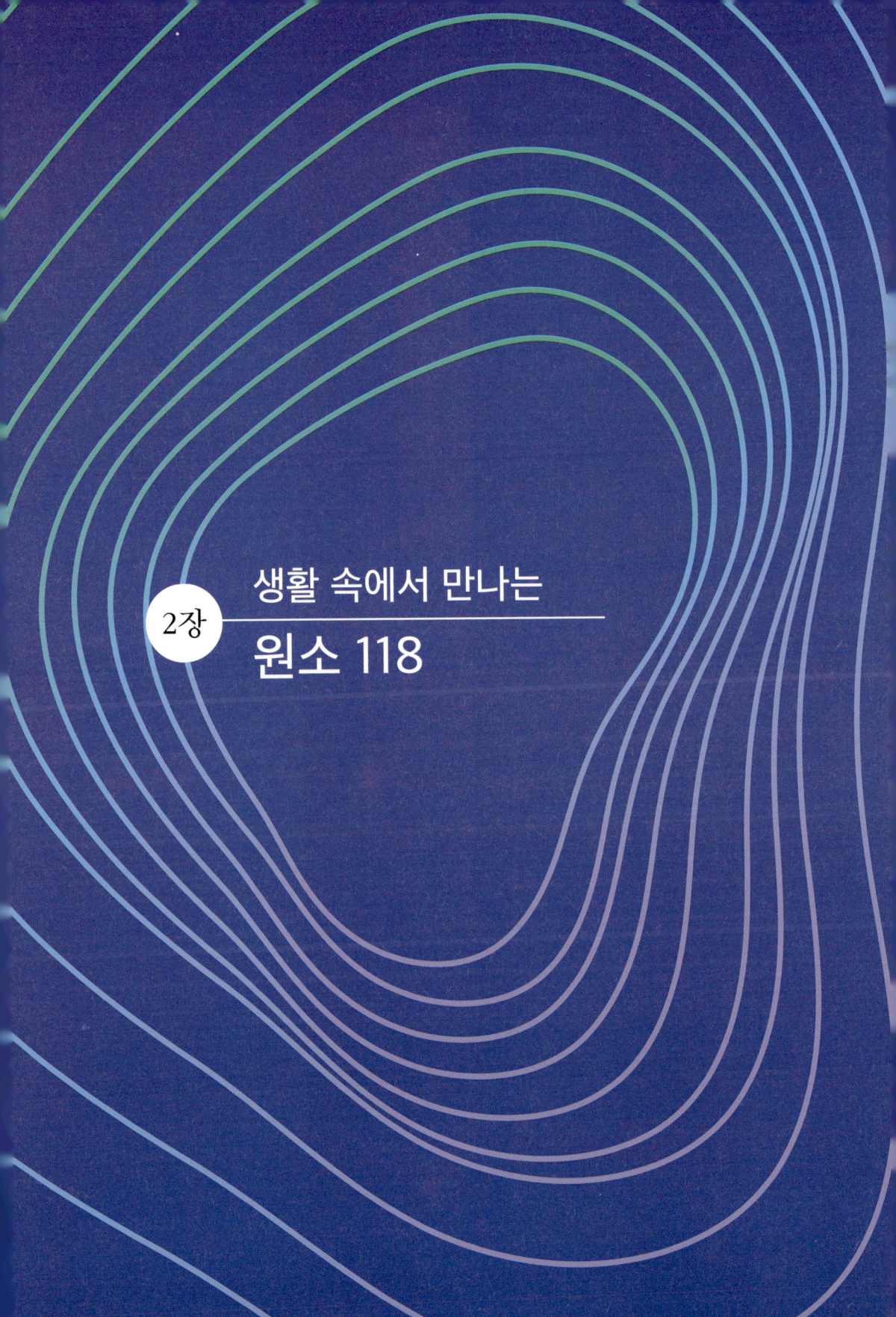

1 수소 (Hydrogen, H)

비금속

원자 번호: 1
원자 질량: 1.008
상온에서: 기체. 무색
녹는점: -259℃ 끓는점: -253℃
발견: 1766년 캐번디시
이름: 그리스어 'hydro(물)'와 'genes(만들다)'
자연 홑원소
친한 원소: 대부분 비금속 원소. 일부 금속 원소.

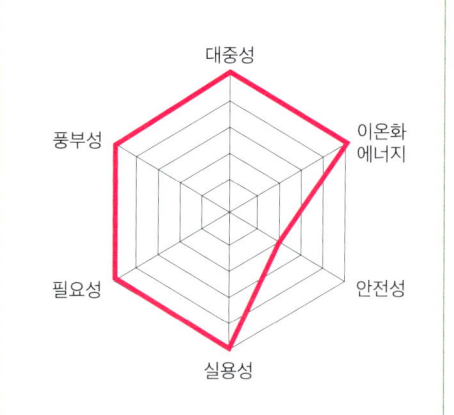

수소는 가장 가벼운 원소로 1족 원소 중 유일한 비금속 원소이다. 우주가 만들어질 때 처음으로 만들어진 원소로, 암흑물질을 제외하면 우주에서 가장 많이 존재한다.

상온에서 기체 상태로 나사에 따르면 초저온, 초고압 상태인 목성이나 토성 같은 행성의 내부에서는 수소가 금속 상태로 존재할 가능성이 있다고 한다.

전리 수소 영역- 별이 태어나는 장소

가시광선 영역에서 수소 방출 스펙트럼 선.

수소를 연료로 하는 수소 에너지는 에너지 효율이 휘발유보다 좋고 오염물질을 줄일 수 있는 친환경 에너지원이어서 수소 내연기관 자동차, 드론, 선박 같은 운송 수단과 우주선, 산업, 발전 등에 쓰인다. 수소 핵융합 발전은 화력 발전이나 원자력 발전보다 안전하고 친환경적이며 많은 에너지를 얻을 수 있어 여러 모로 연구되고 있다. 수소는 열전도율이 공기의 약 7배 정도로 높아서 발전기 등의 냉각제로도 사용한다. 수소 가스는 가연성이 매우 높다.

수소는 산소와 결합하여 생명체에게 꼭 필요한 물(H_2O)을 만들고 여러 원소들과 결합하여 생명체를 이루는 유기화합물을 만들며 화학 공정에 필요한 물질도 만든다.

또한 간단한 구조의 수소를 연구하면서 현대 물리의 기반인 양자역학이 시작되었고 오늘날 양자컴퓨터 같은 최첨단 기술에 이를 수 있었다.

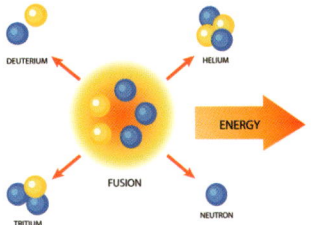

수소 동위원소의 융합 - 수소는 중수소, 삼중수소 등의 동위원소가 있다.

프랑스의 과학자 자크 샤를의 수소 기구 날림 - 수소가 가장 가벼워서 풍선이나 비행체에 사용되었으나 힌덴부르크호 참사 이후 헬륨으로 대체되었다.

지구 지표의 약 70%가 수소와 산소의 결합으로 만들어진 물로 덮여 있다.

우주왕복선에는 연료전지가 장착되어 있고 액체 수소와 액체 산소 혼합물을 로켓의 추진제로 사용한다.

허블용 니켈-수소 배터리 - 니켈과 수소를 기반으로 하는 충전식 배터리로 수명이 길다.

2 헬륨 (Helium, He)

비활성기체

원자 번호: 2
원자 질량: 4.0026
상온에서: 기체, 무색
녹는점: -272℃ 끓는점: -269℃
발견: 1868년 장센과 로키어
이름: 그리스어 'Helios(태양)'
자연 홑원소
친한 원소: 찾기 어렵다.

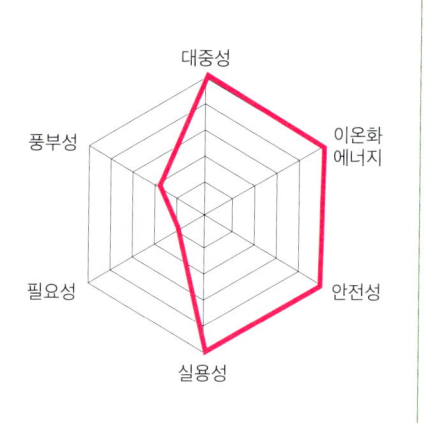

헬륨은 우주가 만들어질 때 수소와 함께 만들어진 원소로 우주에 수소 다음으로 많이 존재한다. 하지만 매우 가벼워서 지구 중력을 벗어나 우주로 빠져나가 지구에는 비교적 적은 양만 존재한다. 천문학자가 우주에서 발견한 원소로 개기일식 때 태양을 분광기로 분석하면서 발견했고 지구에서는 1895년에 윌리엄 램지가 우라늄 광석에서 헬륨을 분리했다. 그런데 헬륨은 주로 천연 가스에서 추출되고 활용도는 높으나 매장량이 적어서 대책이 필요하다.

헬륨은 공기보다 가볍고 다른 원소들과 잘 반응하지 않아서 화재나 폭발 위험이 없어 풍선과 비행선에 주로 사용되며 반응성이 낮은 환경을 필요로 하는 공정인 반도체 제조, 광섬유 및 LCD 패널 생산 공정에서도 보호 기체로 사용한다.

헬륨 넣은 풍선

헬륨가스를 흡입하면 목소리가 얇고 가느다랗게 나오는데 헬륨이 공기보다 밀도가 작아서 소리의 속도가 더 빨라지기 때문이다. 과도하게 흡입하면 산소 공급이 안 되어 위험하니 주의해야 한다.

헬륨을 이용한 비행선

헬륨은 화학원소 중 끓는점이 가장 낮아서 절대 영도에 가까운 온도에서도 액체상태인 유일한 원소라 강력한 냉매로 사용한다. MRI나 입자가속기의 초전도체 자석과 같은 장비를 극저온으로 냉각하는 데 사용되고 우주선과 항공기의 많은 부품을 열처리할 때 냉각 과정에도 사용한다.

헬륨은 혈액에 대한 용해도가 질소보다 낮아서 다이버의 잠수병을 예방한다.

반도체 - 헬륨은 반응성이 낮아서 반도체 제조 공정에서 보호 기체로 사용된다.

극저온 망원경 어셈블리 - 센서 냉각을 위해 액체 헬륨을 사용한다.

제임스웹 우주 망원경의 중적외선 관측장비 (MIRI) - 온도 유지를 위해 헬륨가스 냉각기가 함께 장착되어 있다.

3 리튬 (Lithium, Li)

알칼리금속

- 원자 번호: 3
- 원자 질량: 6.94
- 상온에서: 고체, 은백색
- 녹는점: 181℃ 끓는점: 1342℃
- 발견: 1817년 아르프베드손
- 이름: 그리스어 'Lithos(돌)'
- 자연 화합물 | 희소금속
- 친한 원소: 대부분 비금속 원소.

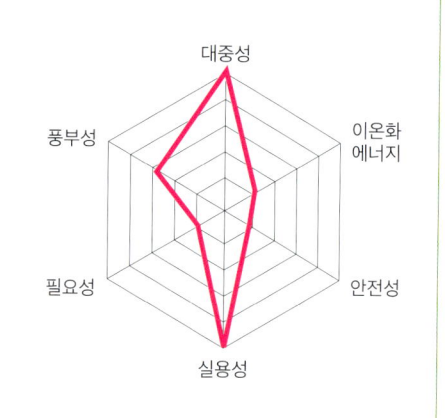

리튬은 가장 가벼운 금속이며, 물에 뜰 수 있을 만큼 밀도가 낮고 칼로 잘릴 정도로 부드럽다.

물과 만나면 격렬하게 반응하여 수소 기체를 발생시키고 공기나 수분과도 빠르게 반응하기 때문에 진공이나 불활성 액체에 넣어 보관해야 한다.

리튬의 산화 방지를 위해 등유에 넣어둔다.

리튬 광석과 염수에서 얻는데 상업적 가치가 있는 리튬은 극히 적어서 비교적 희귀한 원소이다. 게다가 리튬을 추출하는 과정에서 심각한 환경 오염을 일으킬 뿐만 아니라 리튬화합물을 흡입하면 호흡기를 자극하고 심각하면 폐부종을 일으킬 수 있다.

리튬은 붉은색의 불꽃 반응을 나타내어 불꽃놀

리튬을 발견한 아르프베드손.

이에 이용한다.

리튬은 양극성 장애와 같은 정신 질환의 치료약으로 사용되는데 자살 충동 억제 효과가 있다.

휴대용 전자기기(스마트폰, 노트북 등), 전기차 등에 리튬이온 전지로 사용되는데 충전 효율이 높아 대량의 에너지를 저장할 수 있다. 이처럼 높은 에너지에 방전율이 적고 무게가 가벼운 리튬은 첨단 전자기기를 소형화하는데 크게 기여하였으며 2019년 노벨 화학상은 리튬이온전지를 개발한 과학자들이 수상했다. 하지만 리튬 배터리는 과열이나 과충전, 외부 충격 등으로 화재나 폭발 사고가 나곤 해서 안정성을 확보하기 위한 기술과 대체할 신소재 개발이 필요하다.

자동차 등속 조인트 - 리튬 비누를 기름과 섞어서 만든 윤활 그리스가 들어 있다.

단추형 리튬 전지 - 리튬 화합물은 일회용 리튬 전지의 음극에 사용하는데 이 전지는 의료기기나 장난감, 시계, 카메라 등에 쓰인다.

리튬의 불꽃색.

알루미늄이나 마그네슘에 리튬을 첨가한 합금은 강하고 가벼워서 비행기나 자전거, 기차를 만들 때 사용한다.

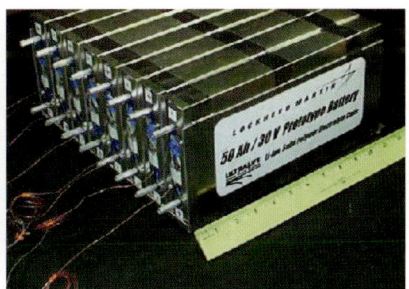

리튬이온 폴리머 배터리

4 베릴륨 (Beryllium, Be)

알칼리토금속

원자 번호: 4
원자 질량: 9.0122
상온에서: 고체, 은백색
녹는점: 1287℃ **끓는점**: 2469℃
발견: 1798년 보클랭
이름: 라틴어 'Beryllus(녹주석)'
자연 화합물 희소금속
친한 원소: 비금속 원소, 할로젠 원소.

베릴륨은 은백색의 매우 단단한 금속으로, 가볍고 열을 효과적으로 전달한다. 베릴륨은 베릴 광물의 일종인 녹주석에서 생산되는데 산소와 강하게 결합되어 추출하기가 어렵다.

베릴륨이라는 이름은 베릴 광물에서 유래되었는데 초기에는 베릴륨 염이 단맛이 나서 '글루시늄'(Glycinium)이라고 불리기도 했다.

베릴륨은 알루미늄보다 가볍고 단단하고 부식이나 수분 등에 강하기 때문에 원자력, 레이저, 항공기, 우주선 및 위성의 부품에 사용한다.

베릴륨은 중성자를 반사하고 감속시키는 특성 때문에 원자로 및 핵무기의 중성자 반사체로 사용되고 X-선을 잘 통과시키는 특성이 있어 X-선 기기의 창이나 감지기에 사용한다.

베릴 광물 3종 - 왼쪽부터 모거나이트, 아쿠아마린, 에메랄드

베릴륨 구리 합금은 단단하고 내마모성이 좋아서 용수철이나 정밀 기계 부품, 망치나 스패너 같은 공구 및 금형에 사용하고 열전도율과 전기 전도율이 증가해서 자이로스코프, 전극 등에도 사용한다. 금속과 부딪혀도 불꽃이 튀지 않아 폭발 위험이 있는 곳에서도 안전한 공구를 만들 수 있다.

베릴륨 증기는 독성이 있어 흡입할 경우 베릴륨 중독증 증상으로 만성폐질환이나 폐암을 유발할 수 있다. 따라서 적절한 안전 장비와 절차가 필요하다. 하지만 공구나 기기로 만들면 별다른 독성이 없다.

베릴륨 광석

제임스웹 우주 망원경 - 금도금 베릴륨으로 만든 거울이 달려 있는데 극저온에서도 변형되지 않는다.

조절식 렌치 - 베릴륨과 구리의 합금으로 만들어 단단하고 잘 마모되지 않는다.

블루투스 스피커 - 떨림판에 가볍고 단단한 베릴륨을 사용한다.

5 붕소 (Boron, B)

준금속

원자 번호: 5
원자 질량: 10.81
상온에서: 고체, 검은색
녹는점: 2076℃ 끓는점: 3927℃
발견: 1808년 게이뤼삭, 테나르, 데이비
이름: 아랍어 'Buraq(흰색)'
자연 화합물   희소금속
친한 원소: 수소, 산소, 탄소. 황, 할로젠 원소

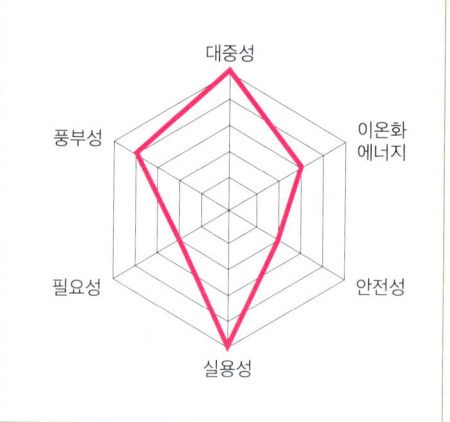

붕소는 검은색의 고체 원소로 녹는점과 끓는점이 높고 불꽃색은 녹색이다. 붕소는 초신성과 우주선 파쇄로 만들어지는 원소로 태양계와 지구 지각에는 적은 양이 존재한다. NASA의 화성탐사선인 큐리오시티가 화성에서 붕소를 발견했다.

붕사를 포함한 유리(붕규산 유리)는 열팽창률이 작고 충격에 강해서 주방용품이나 실험도구에 사용되는 내열유리를 만든다.

붕소 화합물은 식물 생장에 필수영양소로 비료에 첨가된다.

붕사는 탱탱볼, 액체 괴물을 만들 때 사용하고 붕산은 살균 및 소독효과를 이용한 세제와 세척제, 연고나 눈 세정제 등 약품에 쓰이며 바퀴벌레, 지네, 뱀 등에게 독성을 가지고 있어서 살충제로도 사용한다.

붕소 불꽃 반응

붕소 화합물인 붕사 - 붕사가 녹아 있는 호수의 물이 증발하면서 만들어진 증발암.

유리컵 - 붕규산 유리는 열과 충격에 강하다.

붕소는 컴퓨터 칩이나 태양전지를 만들 때 규소에 첨가하고 섬유 형태로 가공된 붕소 섬유는 탄소보다 가볍고 단단하고 탄성이 좋아서 골프채나 낚싯대, 스포츠용품이나 기계 재료로 사용한다.

 탄화붕소는 단단하여 방탄복, 군용 차량의 장갑 등에 이용하고 질화붕소는 다이아몬드 다음으로 단단해서 절삭공구나 마모 기구에 사용하고, 붕소 화합물은 절연체이면서 내열성도 뛰어나고 방사선 중성자를 효과적으로 막을 수 있어 항공 우주, 전기 전자, 바이오 산업에서 연구가 활발하다.

붕산 가루 - 방부제, 소독제로 쓰인다.

테니스 라켓 - 붕소 섬유는 가볍고 단단하고 탄성이 좋아 테니스 라켓을 만드는 데 사용한다.

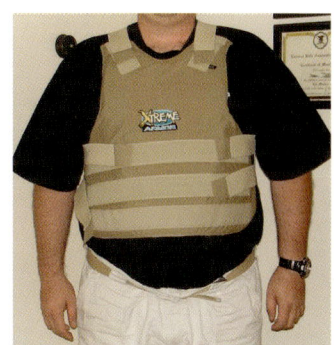
방탄복 - 단단한 탄화붕소로 만들어졌다.

6 탄소 (Carbon, C)

비금속

원자 번호: 6
원자 질량: 12.011
상온에서: 고체
승화점: 3600℃
발견: 고대
이름: 라틴어 'Carbo(숯)'
자연 홑원소
친한 원소: 대부분의 원소

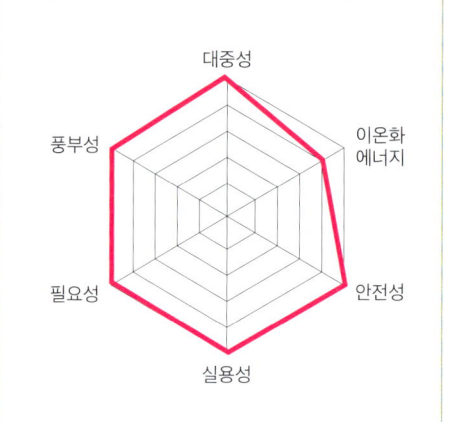

탄소는 태양계에서 수소, 헬륨, 산소 다음 4번째로 많은 원소로 지각이나 우주, 인체에 풍부하게 존재한다. 고대부터 숯, 흑연 등의 형태로 알려져 사용되어 왔다. 탄소는 다른 탄소 원자들과 어떻게 결합하느냐에 따라 다양한 탄소 동소체가 있는데 각 동소체는 고유한 물리적 특성을 가진다. 탄소는 다른 원소와도 다양하게 결합해서 탄소화합물이 1,000만 종 가까이 되며 전체 화합물의 대부분을 차지한다. 탄소를 포함한 화합물을 유기화합물이라 하며 대표적인 탄소화합물은 다음과 같다.

원시 다이아몬드

흑연 연필 - 층상 구조로 느슨하게 결합한 흑연이 종이에 닿아 쉽게 분리되면서 그림이 그려진다.

다이아몬드는 천연 광물 중 가장 단단하고 높은 열전도성을 가지며, 전기 절연체이다. 보석으로 사용되고 단단하기 때문에 절단 및 연마 도구로 사용된다.

흑연은 전기 전도성이 좋아서 일부 전기 모터와 아연-탄소 전지의 접점으로 사용된다.

연구를 통해 발견한 탄소 동소체인 풀러렌과 탄소나노튜브는 나노 기술과 전기 공학, 재료 공학 등에서 활발하게 연구되고 있다. 그래핀은 흑연의 한 층을 떼어놓은 형태로 전기 전도도가 구리보다 높고 투명해서 디스플레이나 태양전지, 자동차 등 다양한 산업에서 응용되고 있다.

탄소는 철과 결합하여 강철을 만들어 건축이나 제조업에 사용하고 텅스텐과 결합하여 탄화 텅스텐을 만들어 연마제나 반지, 볼펜볼을 만든다.

또한 탄소는 지구 상에 알려진 모든 생명체의 기본 구성 원소로, 일부 무기물을 제외한 물질 대부분에 들어 있다. 우리 몸에 산소 다음으로 많은 원소이기도 해서 세포 구성원소이면서 영양분인 단백질, 지방, 탄수화물의 구성원소이다. 에너지를 생성, 소비하는

김 포장지 - 탄소와 산소의 고분자 물질인 폴리프로필렌으로 만들었다.

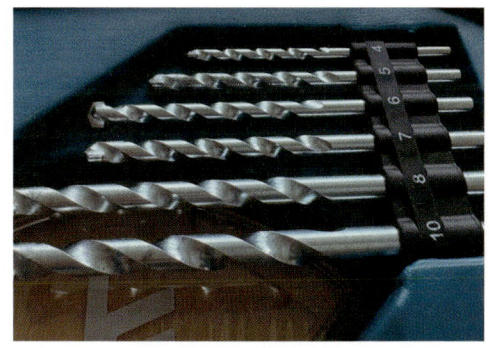
텅스텐 카바이드 비트 - 탄화 텅스텐은 단단하고 열에 강해서 공구에 사용한다.

정수기 필터 - 활성탄이 수돗물의 염소와 불순물을 흡수한다. 활성탄은 넓은 표면적과 강한 흡착력으로 정수기 필터, 탈취제 등에 들어 있다.

광합성과 호흡 작용에서도 빠질 수 없는 원소이며 유전물질인 DNA에도 작용한다. 오래 전 지구상에 서식했던 생명체가 땅에 묻혀서 만들어진 석탄, 석유, 천연가스 등의 화석 연료에도 탄소가 들어 있다. 그런데 인류가 화석연료를 사용하면서 많은 이산화탄소의 발생으로 지구 온난화가 심해져 심각한 문제로 대두되고 있다.

탄소는 지구의 권역인 지권, 수권, 기권, 생물권의 모든 곳에서 발견되는데 지구상에서 일어나는 탄소의 순환으로 생태계가 작동된다.

경량 에어로 바이크 - 탄소섬유 3k로 직조된 것을 에폭시 수지와 결합하여 제작하였다. 탄소섬유는 가볍고 단단해서 낚싯대. 자전거. 자동차. 비행기나 로켓 등을 만드는 데 사용한다.

나일론-폴리아마이드로 만든 우주복 - 탄소, 질소, 산소 복합체인 폴리아마이드는 우주복, 운동복, 레깅스 등을 만드는 데 사용한다.

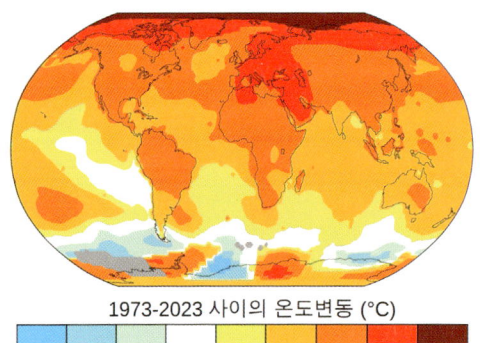

50년간 지구 평균 온도 변화 추이 - 전체적으로 평균 0.5~1도가 상승하였다.

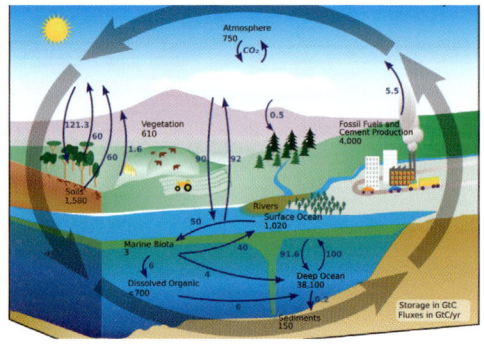

탄소 순환 - 탄소가 끊임없이 순환하고 있다.

7 질소 (Nitrogen, N)

비금속

원자 번호: 7
원자 질량: 14.007
상온에서: 기체. 무색
녹는점: -210℃ 끓는점: -196℃
발견: 1772년 러더퍼드
이름: 그리스어 'Nitre(초석)'+'Gene(생겨났다)'
자연 홑원소
친한 원소: 플루오린. 고온에서는 대부분 원소

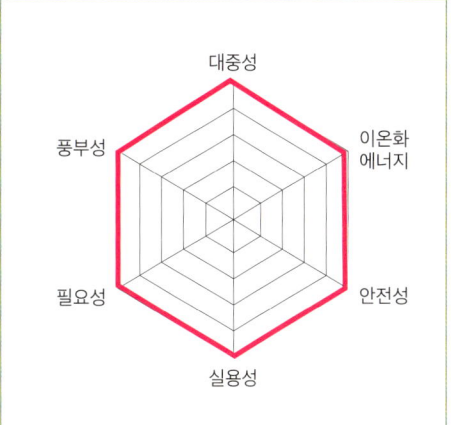

질소는 대기의 약 78%를 차지할 정도로 공기 중에서 가장 많지만 호흡에는 사용할 수 없다. 질소는 질소 원자 2개로 이루어진 분자로 존재하며 반응성이 거의 없다.

질소는 생명체에 필수적인 원소로 단백질이나 DNA 같은 생체 분자를 이루며 인체에는 네 번째로 많은 원소이다.

지구상 모든 생명체의 구성 원소이지만 대기 중의 질소를 직접 생명체가 흡수하기는 어렵다. 대신 질소 고정 세균이 대기 중의 질소를 암모니아로 전환하면 식물이 흡수하여 단백질을 만든다.

생태계에서 질소는 질소 고정, 질소화, 탈질소화

반응성이 낮은 질소는 식료품 산화 방지와 용접 시 보호 가스 등으로 사용한다.

수제 아이스크림을 만드는 데 사용하는 액체 질소. - 영하 196℃인 액체 질소는 냉동 보존, 저온 실험, 초전도체 연구 등에 사용한다.

등의 과정을 통해 순환한다.

프리츠 하버와 카를 보슈가 질소를 암모니아로 변환시켜 대량으로 생산하면서 비료를 제조하여 식량 문제를 해결했다.

하지만 과도한 비료 사용은 토양과 수질을 오염시키고 부영양화를 일으켜 수생 생태계를 위협한다. 또한 내연기관이나 산업 공정에서 배출되는 질소 산화물(NOx)은 대기 오염을 유발하는 산성비와 스모그 등의 주요 원인물질이다.

웃음가스로 알려진 아산화질소는 마취제나 진통제로 쓰이고 연료가 빠르게 연소되도록 하는 연료첨가제, 스프레이식 크림의 압축 질소로도 쓰인다.

커피에 들어 있는 카페인은 질소화합물로 중추신경에 작용하는 각성제이다. 그리고 모르핀이나 암페타민 같은 약물도 질소가 함유되어 있다.

베어링 부품 - 질화규소 베어링은 금속보다 단단하고 가벼워서 NASA의 우주왕복선 주 엔진과 자동차 베어링, 자전거, 풍력 터빈 등에 사용된다.

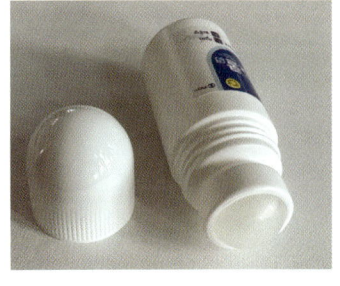

가려움증 약 - 크로타미톤(질소화합물)이 옴진드기를 제거하거나 가려움증을 억제한다.

2011년 노르웨이 오슬로 폭발 테러 발생 시 모습. 질산암모늄을 이용한 폭탄이 사용되었다. 산화질소 화합물은 에너지가 높아 니트로글리세린이나 TNT 등 화약이나 폭발물의 원료로 사용한다.

8 산소 (Oxygen, O)

비금속

원자 번호: 8
원자 질량: 15.999
상온에서: 기체, 무색
녹는점: -219℃ **끓는점:** -183℃
발견: 1774년 프리스틀리, 셸레
이름: 그리스어 'Oxy(산)'+'Gene(생겨났다)'
자연 홑원소
친한 원소: 거의 모든 원소

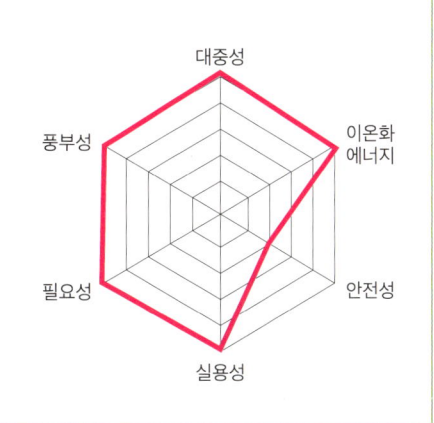

산소는 우주에서 3번째로 많은 원소로, 대부분 별의 내부에서 합성된다. 하지만 지구의 지각에서는 가장 풍부한 원소로 지구에 있는 생명체를 구성하는 중요한 원소이다. 산소는 두 개의 산소 원자가 이중결합한 형태인 산소 분자로 존재하며 매우 반응성이 높아서 많은 화합물을 형성한다. 산소는 대기 중 약 21%를 차지하며 수소와 결합하여 물분자가 된다.

생명활동에 꼭 필요한 원소로 세포 호흡 과정에서 포도당과 산소가 반응하여 생명체에 필요한 에너지를 만들고, 이때 이산화탄소와 물이 만들어진다. 식물은 광합성을 통해 이산화탄소와 물로 산소와 포도당을 만드는데 이때 만들어진 산소를 모든 생명체가 사용한다. 체내의 활성산소는 세포를 산화시켜 노화 및 암을 유발한다.

물 속의 산소 농도가 감소하면 어류와 다른 수생 생물

타고 있는 나무 - 연소는 물질이 산소와 결합하면서 빛과 열을 내는 반응으로 나무가 타려면 산소가 충분히 공급되어야 한다.

의 생존이 어렵다.

산소는 다양한 연료의 연소에 필요하고 금속 제련이나 정제, 절단, 용접 등 화학 공업에서 가장 저렴한 산화제로 사용되며 우주선이나 로켓에도 산화제로 사용한다.

또한 성층권에는 산소의 삼원자 형태인 오존(O_3)이 태양의 유해한 자외선을 차단해 지구를 보호하는 중요한 역할을 하고 있지만 지표 가까이 있는 오존은 생명체에 해로운 대기 오염 물질이다.

광합성 - 이산화탄소와 물로 포도당과 산소를 만든다.

액체산소 - 하늘색 액체 산소로 높은 고도에서 조종사나 승무원에게 사용한다.

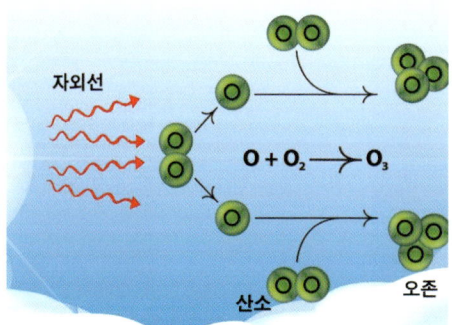

오존층의 오존과 산소 주기 - 산소 분자와 산소 원자가 결합하여 오존이 만들어진다.

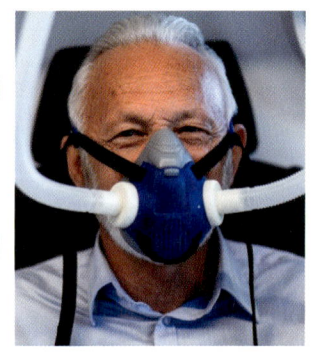

고압 산소 치료 - 고압의 산소를 흡입하여 체내에 공급하여 손상된 조직을 치료하고 재생시킨다.

9 플루오린/불소 (Fluorine, F) 할로젠

원자 번호: 9
원자 질량: 18.998
상온에서: 기체. 옅은 노란색
녹는점: -220℃ 끓는점: -188℃
발견: 1886년 무아상
이름: 형석 'Fluorite'
자연 화합물
친한 원소: 헬륨, 네온 제외 모든 원소와 반응.

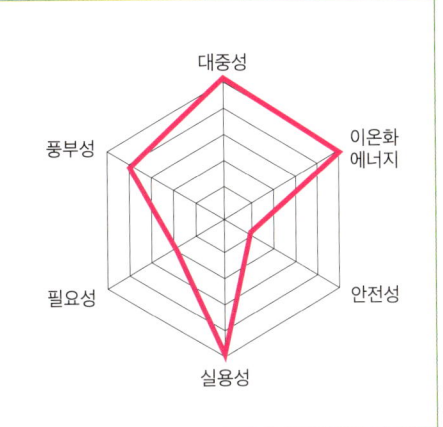

플루오린은 자극적인 냄새가 나는 옅은 노란색의 기체이다. 플루오린은 전자를 끌어당기는 힘인 전기음성도가 가장 높은 원소로, 반응성이 아주 강해서 매우 강한 산화제이다. 형석에서 발견되었는데 인체에 유독해서 분리하려던 과학자들이 죽거나 많이 다쳤다. 하지만 플루오린 화합물은 대부분 무해하고 반응성이 낮기 때문에 실생활에 많이 사용된다.

플루오린화 수소는 강화유리를 강하면서 얇고 가볍게 연마하는 데 사용한다.

치약 및 수돗물에 첨가되는 플루오린 화합물은 치아를 보호하고 충치를 예방한다. 인체에 필수적인 미량 원소이지만 독성이 있어 과다 섭취는 위험하므로 양치 시 충분히 헹궈야 한다.

플루오린 화합물은 친유성이 높아져서 세포막

형석으로 만든 크로포드컵. 대영박물관 소장품.

침투에 용이하여 약물 개발에 사용되며 현대 의약품의 20%에 플루오린이 포함되어 있다.

제2차 세계대전 중에 핵무기 개발을 위한 맨해튼 프로젝트에서 우라늄 농축을 위한 육불화우라늄을 생산하기 위해 플루오린을 엄청나게 사용했다. 이 원자력 산업이 플루오린화학 개발을 이끌었다.

후라이팬 - 일명 테플론이라 하는 폴리테트라플루오린에틸렌 (PTFE)은 열에 강하고 반응성이 없어서 실험 용구나 조리기구의 코팅제로 사용된다.

불소 치약 - 플루오린화 나트륨이 산으로부터 치아를 보호한다.

안전화 - 플루오린 고분자 화합물인 고어텍스는 방수는 되지만 공기는 통할 수 있어서 등산복과 운동복, 운동화 등에 사용한다.

우라늄 농축을 위한 육불화 우라늄 샘플.

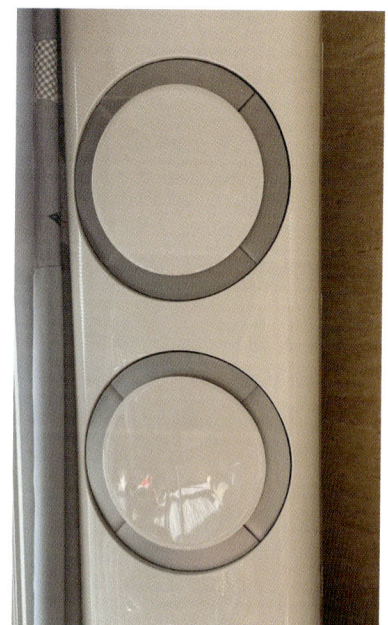

에어컨 - 플루오린 화합물인 프레온은 끓는점이 낮아서 스프레이 분무제와 냉장고나 에어컨의 냉매로 사용했으나 오존층을 파괴해서 전 세계적으로 프레온 제조 사용이 금지됐다.

10 네온 (Neon, Ne)

비활성기체

원자 번호: 10
원자 질량: 20.180
상온에서: 기체. 무색
녹는점: -249℃ **끓는점**: -246℃
발견: 1898년 램지, 트래버스
이름: 그리스어 'Neos(새로운)'
자연 홑원소
친한 원소: 찾기 어렵다.

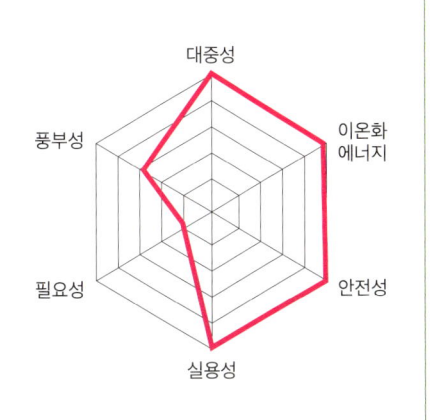

네온은 냄새와 색이 없는 기체로 다른 원자와 화학적 결합을 하지 않아서 홑원소로 존재한다. 18족 원소 중에서도 가장 안정적이기 때문에 반응성이 낮아 화합물이 거의 존재하지 않는다.

별 내에서 핵융합 결과 만들어진 원소로 우주에서는 5번째로 많은 기체이나 지구에는 비교적 드물다.

네온은 전기 방전 시 밝은 진홍색 빛을 내는데 프랑스의 조르주 클로드가 이를 이용하여 네온관을 발명했다. 그리고 그의 친구가 광고 간판에 사용하면서 네온사인이 널리 알려졌다.

네온사인 가스 방전등에는 네온 외 다른 가스들도 들어가 다양한 색을 나타낸다.

네온관과 같은 원리의 네온 램프는 발광다이오드

네온 글로우 램프 - 저압에서 사용되는 소형 가스 방전 램프로 네온 가스가 들어 있다.

(LED)와 함께 전자 장비나 전자 제품의 스위치를 나타내는 램프로 사용된다.

네온은 고전압 표시기, 진공관, 텔레비전 튜브, 검전기, 레이저 포인터 등에도 사용한다.

네온은 헬륨과 혼합되어 레이저를 만드는 데 헬륨-네온 레이저는 주로 정밀한 측정과 실험에서 활용된다.

네온은 녹는점이 낮아서 액화 네온은 저온 냉각기의 냉매로 사용된다.

네온과 아르곤 등 비활성 기체들로 여러 색을 낸다.

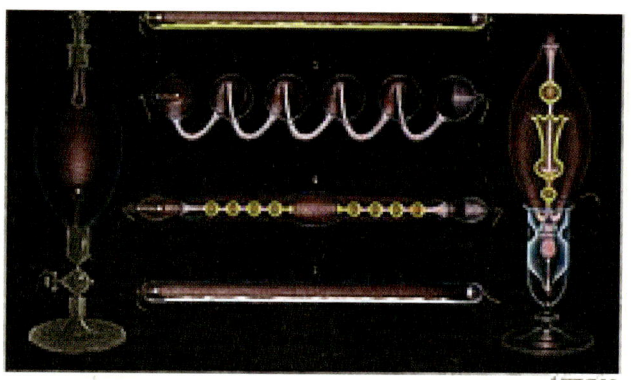
가이슬러 튜브 - 가스 방전 조명의 선구자로 이후 네온 조명으로 발전했다.

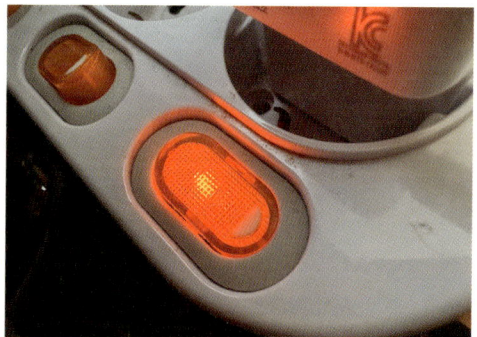
멀티탭의 스위치 램프는 LED나 네온으로 사용한다.

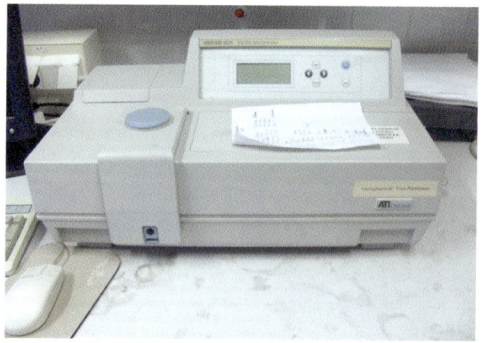
분광 광도계 - 광원으로 헬륨-네온 레이저를 사용한다.

11 나트륨/소듐 (Sodium, Na) 알칼리금속

원자 번호: 11
원자 질량: 22.990
상온에서: 고체, 은백색
녹는점: 98℃ 끓는점: 883℃
발견: 1807년 데이비
이름: 아라비아어 'Suda' 라틴어 'Natron'
자연 화합물
친한 원소: 비금속 원소, 염소등

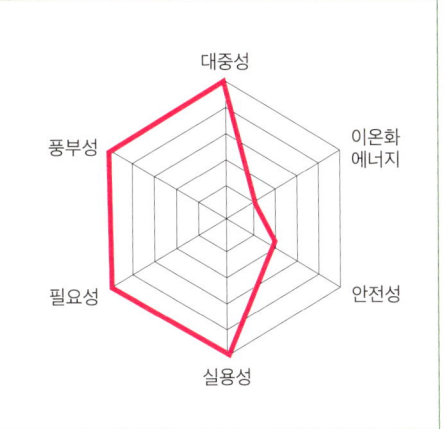

나트륨은 은백색 금속으로 반응성이 아주 강해서 물과 만나면 수소와 열이 발생하면서 폭발적인 반응을 일으킨다. 공기 중에서 쉽게 산화하여 석유에 담가 보관하며 매우 부드럽고 잘 늘어나 칼이나 손으로 쉽게 자를 수 있다. 지각에서 6번째로 많은 금속으로 장석이나 암염(할라이트) 같은 광물과 바닷물에 많이 들어 있다.

이집트 파이윰에서 발견된 특이한 암염(할라이트).

나트륨 램프 - 나트륨의 노란 불꽃반응색을 이용한 램프로 터널등이나 가로등으로 사용한다.

나트륨 선 스펙트럼.

가장 널리 알려진 나트륨 화합물은 소금 즉, 염화나트륨이다. 지구상에 존재하는 나트륨의 대부분으로 바닷물이나 바위에서 얻으며 음식물을 보존하거나 음식의 짠맛을 낸다. 글루타민산 나트륨은 감칠맛을 내는 조미료로 사용하고 아세트산나트륨은 비료로 사용한다.

가성소다라고 하는 수산화나트륨은 강알칼리로 종이 제조나 알루미늄 추출에 사용하고 비누의 주원료이다.

우리 몸에는 약 100g 정도의 나트륨이 있는데 우리 몸의 수분을 조절하는 전해질로, 신경세포 신호를 전달하고 혈압을 조절하며 체액의 농도와 산성도를 조절한다. 이처럼 나트륨은 중요한 성분이지만 과도한 섭취는 건강에 해롭다.

탄산수소나트륨은 열이나 산에 분해되어 이산화탄소를 발생시켜 빵을 부풀리는 베이킹파우더의 성분이다.

연고 - 박테리아 단백질 합성을 억제, 차단하는 퓨시드산 나트륨이 들어 있다.

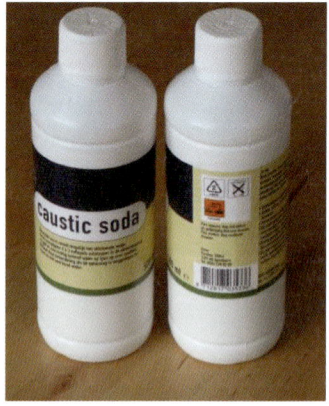

수산화나트륨은 폐수 중화제로 하수구 청소에 사용하고 생화학 산업에서 시약으로 사용한다.

12 마그네슘 (Magnesium, Mg) 알칼리토금속

원자 번호: 12
원자 질량: 24.305
상온에서: 고체. 은회색
녹는점: 650℃ **끓는점**: 1090℃
발견: 1755년 블랙
이름: 그리스 도시 'Magnesia(마그네시아)'
`자연 화합물` `희소금속`
친한 원소: 할로젠 원소, 대부분 비금속 원소

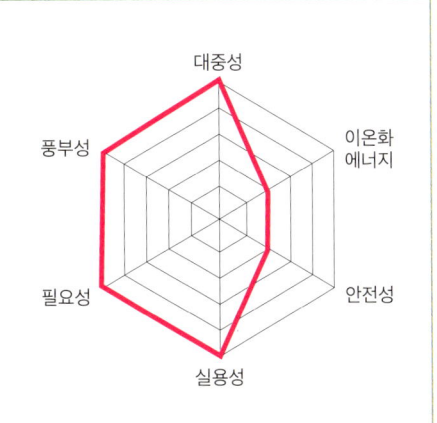

마그네슘은 가벼운 은회색 금속으로 비교적 부드럽고 잘 늘어난다. 지각에서 8번째로 많은 원소이지만 지각 중 존재량은 알루미늄, 철 다음으로 많다.

마그네사이트나 돌로마이트, 감람석 등 광석이나 바닷물에서 추출한다. 물과 느리게 반응하지만, 뜨거운 물 또는 산과는 빠르게 반응한다.

마그네슘은 알루미늄, 아연 등과 합금하면 가볍고 부식에 강하며 단단해서 항공기, 자동차 부품, 자전거 프레임, 휴대폰과 노트북 케이스 등에 사용된다.

불을 피우기 위해 칼로 긁는 점화기의 금속이 마그네슘으로

산화마그네슘.

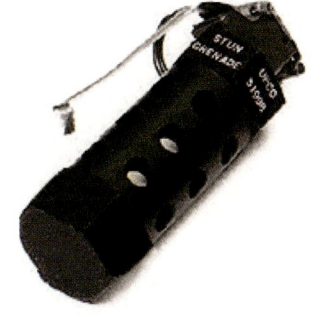

M84 섬광탄 - 마그네슘 금속에 불을 붙이면 백색광을 내서 섬광탄이나 카메라 플래시로 사용한다.

불꽃놀이 폭죽의 밝기를 더하고 다른 물질을 점화할 때 사용한다.

마그네슘은 인체에 필수적인 원소로 에너지 대사와 뼈 건강, 신경 및 근육기능 조절 등 다양한 신체 기능 유지에 이용된다. 따라서 마그네슘 화합물은 식품, 마그네슘 보충제나 설사제나 제산제 같은 의약품 외에도 사료, 비료 등에 사용한다.

탄산마그네슘 가루는 역기나 체조할 때 미끄럼 방지를 위해 사용하고 황화마그네슘 수화물은 목욕할 때 뿐만 아니라 토양에 마그네슘이 부족할 때도 사용한다.

칼슘이나 마그네슘이 포함된 물을 경수라고 하는데 비누 거품이 잘 생기지 않는다.

마그네슘은 엽록소의 구성 성분으로, 부족하면 잎이 노랗게 변한다.

제산제 - 수산화마그네슘이 들어 있어 위산을 중화시켜 속쓰림, 위염 등 증상을 완화한다.

디옥타헤드랄스멕타이트 - 알루미늄, 마그네슘, 규소를 포함한 점토로 지사제의 주성분이다.

수산화마그네슘.

염화마그네슘 - 두부를 엉기게 만드는 간수는 염화마그네슘이다.

알루미늄 (Aluminum, Al) 전이후금속

- **원자 번호**: 13
- **원자 질량**: 26.982
- **상온에서**: 고체. 은백색
- **녹는점**: 660℃ **끓는점**: 2519℃
- **발견**: 1825년 외르스테드
- **이름**: 라틴어 'Alumen(명반)'
- 자연 화합물
- **친한 원소**: 산소, 질소, 황, 탄소, 할로젠 원소 등

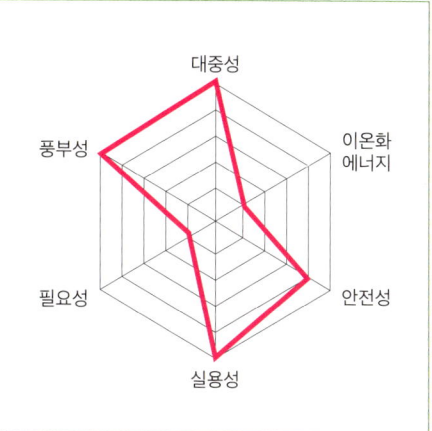

알루미늄은 가벼운 은백색 금속으로 부드럽고 잘 늘어난다. 지각에서 3번째로 많은 원소로 금속 중에 가장 많으며 주로 보크사이트라는 광물에서 추출된다.

장석이나 백운모에 다량 포함되어 있지만 정련이 어려워서 가격이 금이나 은보다 비쌌으나 1886년에 알루미늄 광석인 보크사이트에서 전기분해하는 법이 개발되면서 대량생산이 가능해지면서 가격이 저렴해졌다.

알루미늄은 공기 중에서 산화되어 얇은 산화막을 형성해 내부를 보호하여 부식이 일어나지 않게 막는다. 그래서 창틀에 사용하며 전기 전도성이 좋아서 대부분의 송전선과 전기차나 항공기 배선에 재료로 사용한다.

열 전도성이 커서 주방기구에도 사용하고 부식에 강해서 스마트폰, 노트북, 기타 전자기기의 케이스와 부품으로도 사용된다. 알루미늄이 산화반응할 때 높은 에너지로 폭발이 일어나기 때문에 로켓의 고체 연료 첨가제나 섬광탄, 용접 등에도 사용한다.

알루미늄 화합물은 안전성이 높아서 유리 제조나 방수 섬유, 페인트, 화장품, 화학

반응의 촉매로 사용한다.

수산화 알루미늄은 소화불량을 치료하는 제산제로 사용하고 황산 알루미늄은 물을 정화하거나 오물을 처리하는데 사용한다. 이 밖에도 알루미늄은 낮은 에너지로 쉽게 재활용이 가능해서 자원 활용 효율이 높다.

보크사이트 - 알루미늄 광석(산화알루미늄).

알루미늄 캔 - 가볍고 단단한 알루미늄을 얇게 늘여서 캔이나 포일을 만든다.

자동차 타이어 휠- 알루미늄 휠은 스틸 휠보다 가벼워 연비가 향상되고 단단하여 충격 흡수를 잘한다.

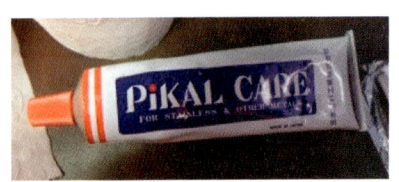

금속 광택제- 산화알루미늄 성분이 들어 있다. 철, 스텐, 각종 비철 녹 제거 및 광택에 사용한다.

가넷, 루비, 사파이어 등은 산화알루미늄으로 이루어진 보석 광물이다.

허브 스페이스 - 차량 바퀴 사이에 끼는 부품으로 알루미늄 합금인 두랄루민으로 만든다. 알루미늄 합금은 가볍고 단단해서 자동차, 건설 재료, 항공기, 기차, 우주선 등에 다양하게 사용한다.

10원 동전- 알루미늄과 구리의 합금으로 되어 있다.

14 규소 (Silicon, Si)

준금속

원자 번호: 14
원자 질량: 28.085
상온에서: 고체, 회색
녹는점: 1414℃ **끓는점**: 3265℃
발견: 1824년 베르셀리우스
이름: 라틴어 'Silex(부싯돌)
`자연 화합물` `희소금속`
친한 원소: 산소, 탄소, 수소, 할로젠 원소

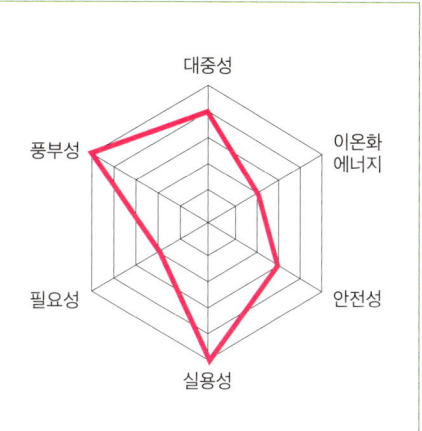

　규소는 광택이 있는 회색 금속으로, 단단한데 부서지기 쉽다. 지각 전체 질량의 28%를 차지하는 규소는 규산염 광물로 석영, 자수정, 흑요석, 이암 등에서 추출한다. 초신성으로 붕괴될 때 죽어가는 별 내부에서 핵융합으로 생성되었다. 인류의 조상들은 규소가 포함된 암석을 도끼나 화살촉 만드는 데 사용했다. 자연에서 볼 수 있는 석영이나 모래는 이산화규소(실리카)로 유리, 벽돌, 시멘트, 도자기, 세라믹 등 다양한 건축 자재의 원료로 사용된다.

　규소는 조건에 따라 전기가 통하거나 통하지 않는 반도체이다. 다른 반도체 물질보다 저렴하고 풍부해서 트랜지스터, 다이오드, 마이크로칩 등 반도체 핵심재료로 모든 전자기기의 핵심 부품으로 사용된다. 이로 인해 20세기 후반부터 21세기 전반까지를 실리콘 시대라 할 만큼 규소가 첨단 산업과 기술에 아주 중요한 역할을 하면서 세계 경제에 끼치는 영향이 크다.

　규소는 실리콘이라고 하는 합성 고분자를 만드는데 윤활유, 브레이크 오일, 접착제, 기포제, 화장품, 약품 등 다양한 산업 분야에서 활용된다. 실리콘 수지는 물, 산화, 열에 강하고 반응성이 낮으며 생체 독성이 거의 없어서 인체 보형물과 콘택트렌즈를 만들고 고무 대용이나 요리기구 등에도 사용한다.

정제된 규소 조각.

반도체 - 규소의 전자의 흐름을 조절하는 성질을 이용한 반도체로 전자 부품 소재에 사용한다.

석영 - 이산화규소로 구성된 단단한 광물.

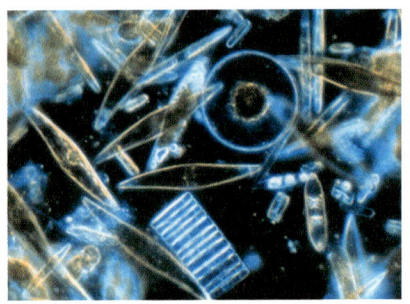

규산염 세포벽을 가진 해양규조류 - 규소는 규조류와 일부 해면동물과 식물의 골격을 형성하기도 한다.

비타민 C 제품 - 이산화규소가 들어 있다.

전자계산기 - 태양광 패널을 순도가 높은 실리콘 결정으로 만들었다.

실리카겔 - 이산화규소가 주성분인 다공성 물질로 미세구멍으로 공기 중 수분을 흡착하여 식품 방부제로 사용한다.

15 인 (Phosphorus, P) 생물 필수 원소

비금속

- **원자 번호**: 15
- **원자 질량**: 30.974
- **상온에서**: 고체. 백린, 적린, 흑린
- **녹는점**: 44℃(백린) **끓는점**: 281℃(백린)
- **발견**: 1669년 브란트
- **이름**: 그리스어 'Phos(빛)'+'Phoros(전달자)'
- 자연 화합물 | 희소금속
- **친한 원소**: 산소, 탄소, 수소, 칼슘, 할로젠 원소 등

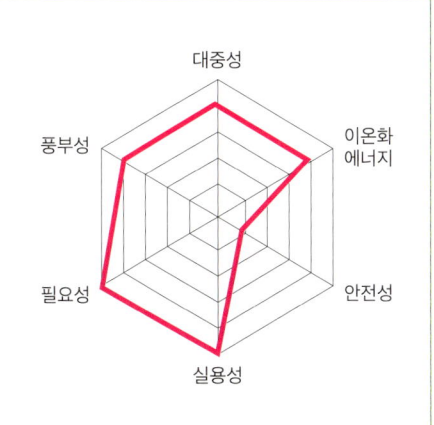

인은 반응성이 높은 비금속 원소로 공기와 접촉하면 불꽃을 내며 폭발한다. 지각에 풍부하며 인산염 형태로 발견된다. 초신성에서 초신성 핵합성의 부산물로 만들어진 인은 여러 동소체를 가지는데 백린은 반투명한 흰색, 적린은 붉은색, 흑린은 회색에서 검은색 등으로 각기 색이 다르다.

백린은 공기 중에서 산소와 반응하면서 스스로 빛을 내고 독성이 매우 강하다. 적린과 흑린은 상대적으로 독성이 덜하고 가연성이 덜하다.

가연성이 있는 백린은 성냥 제조와 화약과 폭발물을 만들 때 사용했으나 독성 때문에 좀더 안전한 적린으로 성냥을 만들게 되었다.

생명체를 구성하는 필수 6대 원소 중 하나인 인은 세포막과 혈액, DNA, RNA를 구성하고 신경의 신호 전달에도 관여한다. 세포 내에서 만들어진 에너지를 저장하고 운반하는 ATP는 아데노신에 인산이 3개가 결합한 형태로, 모든 생명체의 세포에서 발견된다. 뼈와 치아에는 인산칼슘이 채워져서 단단하게 된다. 도깨비불은 사체의 뼈나

치아에서 나온 인 성분이 공기 중에서 쉽게 발화하면서 생기는 현상이다.

인은 식물 성장에 필수 원소로 질소, 칼륨과 함께 비료로 사용한다.

인 화합물은 강철, 동 생산에 사용하고 산화제나 산도 조절제로 콜라, 베이킹 파우더, 세제, 치약에도 사용한다.

붉은 인 - 성냥갑의 마찰면 붉은 부분이 붉은 인이다.

1828년의 성냥 - 유황이 묻은 성냥을 백린 액체에 넣고 병에서 꺼낼 때 불이 붙는다.

제2차 세계대전 중에 사용한 소이탄 - 백린은 가연성이 있어서 화약과 폭발물을 만드는 데 사용한다. 발화점이 낮아서 자연발화하고 고온의 열과 연기를 발생시켜서 주변을 다 태운다.

인산일 칼슘 - 인화합물로 비료와 베이킹 팽창제로 사용한다.

제1차 세계대전 중 프랑스에서 발생한 백린탄 폭발 - 공기 중에서 발화하여 독성 물질을 만든다.

16 황 (Sulfur, S)

비금속

- 원자 번호: 16
- 원자 질량: 32.06
- 상온에서: 고체. 노란색
- 녹는점: 120℃ 끓는점: 445℃
- 발견: 고대
- 이름: 라틴어 'Sulphurium(빛)'
- 자연 홑원소 희소금속
- 친한 원소: 대부분 원소

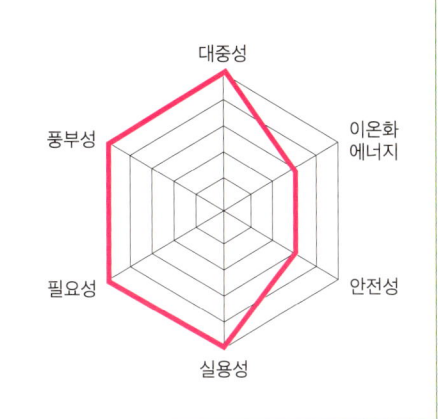

황은 반응성이 큰 노란색 원소로 자연에 풍부하며 화산지역에서 원소 상태로 발견된다. 황은 고체일 때는 노란색, 액체일 때는 붉은색, 불에 탈 때는 푸른색을 낸다.

황은 고대부터 알려져 있던 원소로, 동굴 벽화에도 오렌지색 황화수은을 사용했다. 황의 가장 중요한 용도는 황산(H_2SO_4)의 제조이다. 황산은 강한 산성 용액으로 공기 중 수증기를 흡수한다. 물과 만나면 강한 열을 발생하고 다른 화합물에서 물을 제거하는 강한 탈수 작용을 한다.

황산은 비료 제조, 세척제, 염색, 의약품, 리튬-황 배터리 등에 사용한다.

황 분말은 살충제로 사용하고 쉽게 연소되기 때문에 초기 성냥 머리에 쓰기도 했고 숯, 초석과 섞어서 흑색 화약을 만들었다. 황화합물은 포

에트나 화산 - 황은 화산 분화구나 온천 부근에서 노란색 황 결정으로 발견된다.

도주나 맥주를 만들 때 소독제와 보존제로 사용한다.

황은 생명체에 필수 원소로 우리몸에 약 150g 정도의 황화합물이 있다. 메티오닌과 시스테인 같은 아미노산과 비타민 B1(티아민)과 B7(비오틴)을 구성하는데 머리카락과 손톱에는 황이 포함된 아미노산이 다량 함유되어 있다.

타이어 - 탄성이 약한 생고무에 황을 첨가하면 단단하고 탄력이 높아진다.

머리카락과 손톱에는 황이 포함된 아미노산이 다량 함유되어 있다. 파마는 머리카락에 있는 황 결합을 끊었다가 다시 이어주면서 모양을 고정한다.

바디워시 - 황산염이 거품을 형성하고 세정력을 강화한다.

마늘의 알싸한 냄새나 양파 냄새, 스컹크의 역한 방귀 냄새는 황화합물 때문이다. 순수한 황은 냄새가 없으나, 황화수소는 썩은 달걀 냄새가 나고 이산화황은 매케한 냄새가 난다.

체코 지제라 산맥. - 산성비가 숲에 미치는 영향을 알 수 있다. 황은 타면서 이산화황 같은 황 화합물을 발생시키는데 이들은 대기를 오염시켜 산성비를 내리게 한다.

17 염소 (Chlorine, Cl)

할로젠

원자 번호: 17
원자 질량: 35.45
상온에서: 기체. 황록색
녹는점: -102℃ 끓는점: -34℃
발견: 1774년 셸레
이름: 그리스어 Chloros(황록색)'
자연 화합물
친한 원소: 거의 모든 원소.

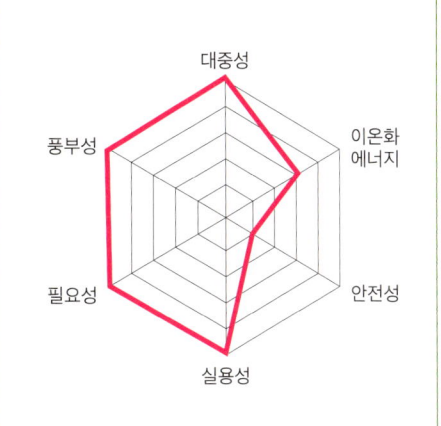

염소는 황록색의 기체로 자극적이고 독한 냄새가 난다. 반응성이 아주 높아 원소 대부분과 쉽게 결합하여 자연계에 2,000여 가지의 유기염소화합물이 존재한다. 소금의 구성 성분으로 자연계에 널리 분포하고 오래전부터 인류가 사용해왔다. 연금술사와 초기 화학자들은 염산을 많이 사용했다.

강력한 산화제인 염소는 강한 살균력으로 세균과 오염물질을 제거하여 표백제나 소독제로 사용된다. 염소계 표백제와 산성 물질을 혼합하면 염소 가스가 발생하여 위험하므로 사용할 때 조심해야 한다.

바닷물에 포함된 염소 이온은 안정한 이온 상태로 독성이 없다.

염소화합물인 클로로포름은 마취제로 사용하다가 현재는 테프론 생산에 사용하고 있으며 이산화 염소는 종이 재료

존 싱어 사전트의 그림<가스드> - 염소가스를 흡입하면 체내에서 녹아 염산이 되면서 폐를 녹인다. 이를 이용하여 제1차 세계대전에서 독가스 무기가 만들어져 수많은 사상자를 냈다.

인 펄프를 표백한다.

염소화합물 중 포스젠은 젖병, 물병, 식기 등 생활용품에 사용되는 폴라카보네이트 생산에 중요한 역할을 하며 DDT살충제는 독성이 강해서 사용이 금지되었다. 사염화탄소는 불 끄는 소화제나 드라이클리닝 용제로 사용되지만 간을 손상시키고 오존층을 파괴한다. 독성으로 사용 금지된 물질들 중 대부분에 염소화합물이 포함되어 있다.

한편 염소는 우리 몸에 필수 원소로 신경 자제 물질과 효소를 구성하는 성분이며 세포 내외부에 존재하는 염소 이온(Cl^-)은 체액의 균형을 유지하고 위액의 주요 성분인 염산(HCl)은 세균을 죽이고 단백질의 소화를 돕는다.

염소계 표백제 - 염소의 강한 살균력과 산화작용을 이용한다. 산성 물질과 섞이면 염소가스가 발생하여 위험하다.

수영장 물 - 미생물과 오염물질로부터 물을 소독하기 위해 염소 처리된 물을 사용한다.

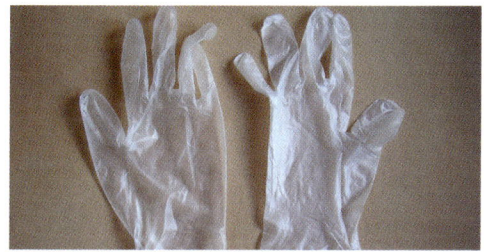

폴리염화비닐(PVC)로 만든 비닐장갑 - PVC와 같은 다양한 플라스틱 제조에 염산을 사용한다. PVC는 태우면 유독 성분인 다이옥신이 만들어져 주의해야 한다.

제습제 - 염화칼슘이 공기 중의 수분을 흡수하면서 녹는다.

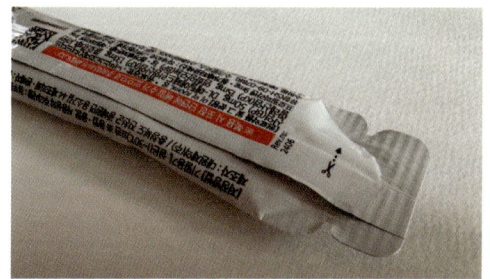

기침약 - 염화암모늄 성분이 가래를 묽게 만들어 배출을 돕는다.

18 아르곤 (Argon, Ar)

비활성기체

- **원자 번호:** 18
- **원자 질량:** 39.95
- **상온에서:** 기체. 무색
- **녹는점:** -189℃ **끓는점:** -186℃
- **발견:** 1894년 레일리, 램지
- **이름:** 그리스어 'Argos(게으른)'
- 자연 홑원소
- **친한 원소:** 극한 조건에서 플루오린과 수소.

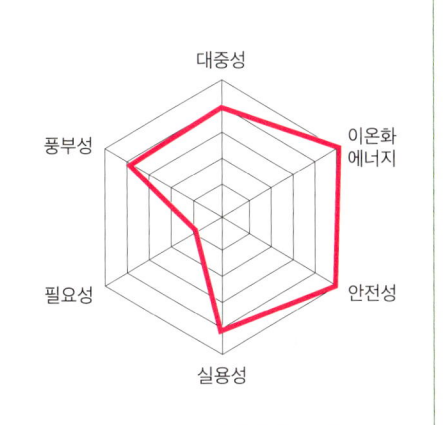

아르곤은 반응성이 거의 없는 비활성 기체로 전기적으로 들뜬 상태에서는 밝은 푸른색을 띤다. 지구 대기 중 0.93%를 차지하고 비활성 기체 중 지구에서 가장 풍부하다.

초신성에서 별의 핵합성에 의해 생성되는 아르곤은 공기보다 무겁고 다른 원소와 쉽게 반응하지 않아서 안정제나 보호제로 사용한다.

예를 들어 금속을 용접할 때 고온에서 금속의 산화를 막기 위해 아르곤 기체로 보호하거나 산화되기 쉬운 물질을 아르곤 기체로 채워진 상자에 넣어 보호한다.

비활성 기체 중 가장 저렴해서 충전제로도 좋다. 고문서를 보관하거나 포도주와 같은 식품의 산화 방지를

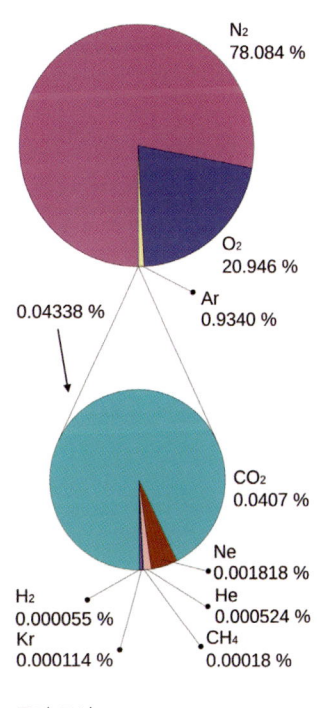

공기 조성.

위해 아르곤을 사용한다.

반도체 제조 공정에서도 실리콘 결정을 성장시킬 때 보호가스로 사용하고 철강을 만들 때 고급제련강 제조에도 사용한다.

아르곤은 열 전도도가 매우 낮아서 이중창 사이 공간에 채워 넣어 단열 효과를 얻을 수 있으며 미사일의 냉각 가스로도 사용하고 몸 안의 조직, 특히 대장 출혈을 막기 위해 아르곤 플라스마 응고법으로 혈액을 응고시킨다. 또한 청색 아르곤 레이저를 사용하여 혈관과 안과질환 등을 치료하고 종양을 제거한다.

이 외에도 칼륨-아르곤 연대 측정법으로 화성암의 연대를 결정할 수 있다.

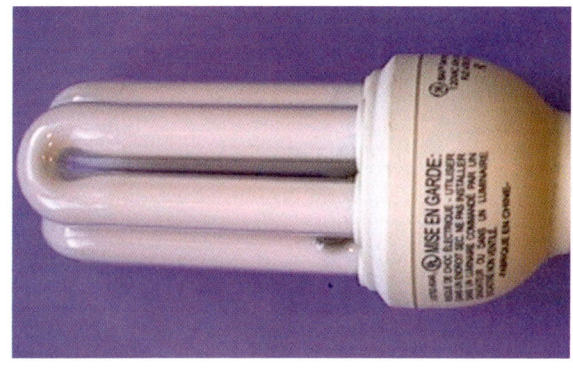

소형 형광등 - 반응성이 적은 아르곤이 전자의 방전을 일정하게 유지시킨다.

아르곤이 백열등 안의 필라멘트 산화를 방지한다.

아크 용접법으로 용접하는 모습 - 아르곤 가스로 아크 용접 시 산화 및 질화 반응을 방지한다.

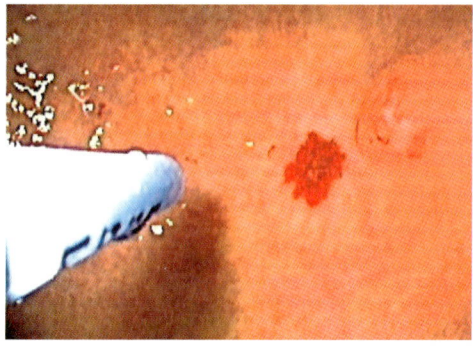

아르곤 플라스마 응고법 - 외과 의료에 아르곤 레이저를 사용한다.

19 칼륨/포타슘 (Potassium, K) 알칼리금속

- **원자 번호**: 19
- **원자 질량**: 39.098
- **상온에서**: 고체, 은백색
- **녹는점**: 64℃ **끓는점**: 759℃
- **발견**: 1807년 데이비
- **이름**: 'Potash(초목의 재)"
- 자연 화합물
- **친한 원소**: 산소, 탄소, 수소, 할로젠 원소 등

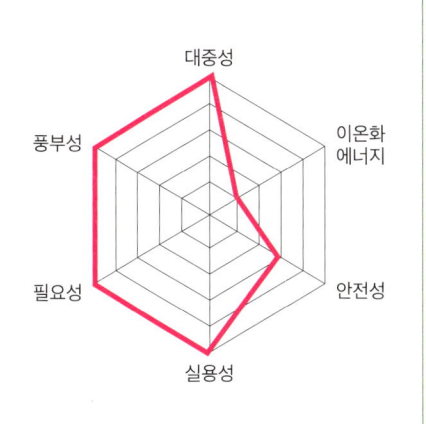

지각에서 일곱 번째로 풍부한 원소인 칼륨은 은백색 광택이 나는 금속으로 매우 부드러워 칼로 쉽게 잘리고 공기 중 산소와 빠르게 반응한다. 칼륨은 초신성에서 핵융합 반응을 통해 만들어진다.

최초로 분리된 알칼리 금속으로 연소하면 보라색 불꽃이 일어난다. 물에 뜰 정도로 가볍고 물과 접촉 시 불꽃을 튀기면서 수소 기체를 방출하며 연소한다. 반응성이 높아 보통 석유나 다른 비활성 용액 속에 보관한다.

식물 성장에 필요한 원소인 칼륨은 비료의 3대 원소 중 하나로 식물 내 수분을 조절하는데, 부족하면 잎 가장자리 색이 변하고 마른다. 염화칼륨과 질산칼륨을 주로 비료로 사용하는데 질산칼륨은 화약의 산화제로도 사용한다.

또한 칼륨은 인체에서 생리 작용을 조절하는 전해질 역할을 하

칼륨의 불꽃반응.

며 칼륨 이온(K^+)은 신경 자극 전달과 근육의 수축과 이완, 호르몬 분비, 노폐물 배출 등을 조절한다.

체내에 칼륨이 부족할 경우 '저칼륨혈증'으로 근력 저하, 장폐색, 심전도 이상, 반사 기능 저하 등의 증상이 나타난다. 반대로 칼륨이 과하면 심장마비를 일으킬 수 있어서 염화칼륨을 심정지액이나 동물 안락사 주사로 사용한다.

강염기인 수산화칼륨은 수도관 등의 막힘 제거제나 물에 잘 녹아서 액체 비누 등 비누 원료로 사용한다.

탄산칼륨은 광학 유리나 형광등, 섬유 염료 등을 만드는 데 사용한다.

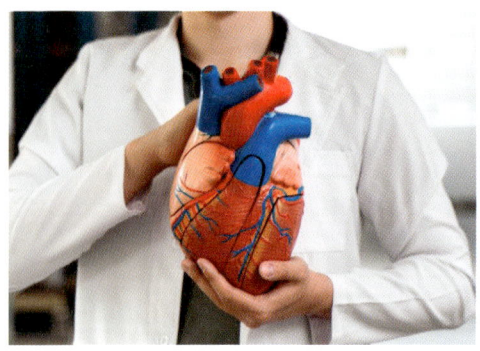

심장 - 나트륨 이온과 칼륨 이온이 심장 박동을 조절한다. 칼륨이 과하면 심장 마비를 유발한다.

다결정 칼륨.

염화칼륨 - 식물에 비료로 사용한다.

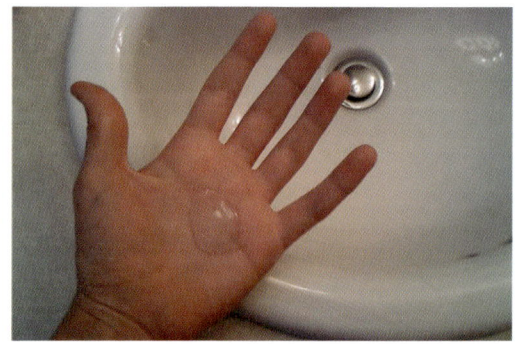

액체비누 - 수산화칼륨으로 만든 비누로 오염물질을 녹인다.

20 칼슘 (Calcium, Ca)

알칼리토금속

- **원자 번호**: 20
- **원자 질량**: 40.078
- **상온에서**: 고체. 은회색
- **녹는점**: 842℃ **끓는점**: 1484℃
- **발견**: 1808년 데이비
- **이름**: 라틴어 'Calx(석회)'
- 자연 화합물
- **친한 원소**: 비금속 원소, 할로젠 원소 등

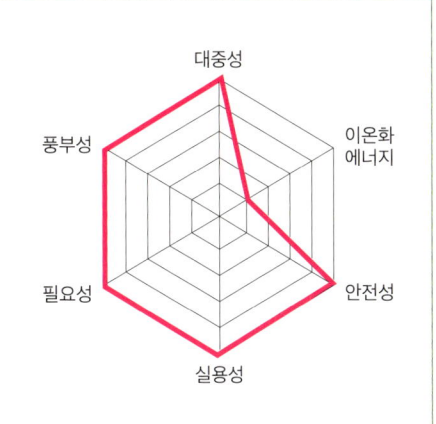

칼슘은 부드러운 은회색의 금속으로 연소할 때 주황색 불꽃을 띤다. 지각에서 5번째로 많은 원소로, 석회암, 대리암, 석고 및 방해석에 화합물 형태로 존재한다.

공기 중에서 산소와 반응하여 표면에 산화막이 형성되며, 물과 만나면 수소가 나온다. 반응성이 매우 커서 보통 기름 속에 보관하거나 공기와의 접촉을 피한다.

칼슘은 고대부터 사용되어 왔는데 석회는 칼슘 화합물을 많이 함유하는 암석을 일컫는다. 방해석과 석회석 성분인 탄산칼슘은 건설 분야, 핸드크림 파우더, 치약, 화장품, 제산제, 페인트 흰색 염료, 금속 제련, 유리 제조, 제지 공정 등에 사용한다.

인도의 타지마할은 석회암이 변성된 대리암을 건축 자재로 사용하여 지었다.

염화칼슘은 습기를 빨아들여서 제습제로 사용하고 습기를 흡

칼슘의 불꽃색.

수하면서 열을 발생하기 때문에 겨울에 눈을 녹이는 제설제와 핫팩으로도 사용한다.

생물의 필수 원소인 칼슘은 성인 무게 중 1kg 정도로 인체에 함유된 금속 중 1위를 차지한다. 칼슘은 뼈와 치아, 혈액과 세포의 구성 원소로 부족하면 골다공증의 원인이 되며 뼈의 재생을 돕고 출혈이 있을 때 혈액 응고를 돕기도 한다. 칼슘 이온(Ca^{2+})은 신경 신호 전달과 근육 수축과 이완, 호르몬 분비에도 중요한 역할을 한다.

아르곤 기체 속에 보호된 칼슘.

진주 팔찌 - 조개는 바닷물의 탄산 이온을 몸 안의 칼슘 이온과 반응시켜 탄산칼슘을 만드는데 몸에 들어온 불순물을 이 탄산칼슘으로 감싸서 진주를 만든다.

베트남 퐁냐깨방 국립공원 석회암 동굴 - 탄산칼슘이 지하수에 녹아 석회동굴이 만들어졌다.

호주 시드니 호주 박물관 - 말과 사람의 골격 - 뼈와 치아는 칼슘으로 구성되어 있다.

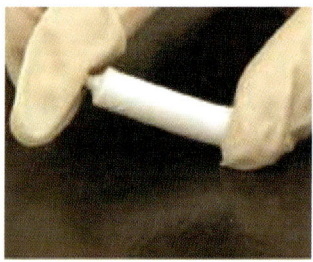
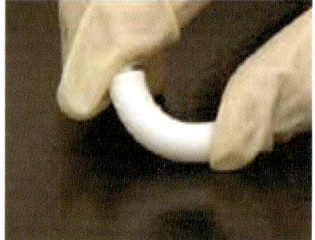

인간 뼈에 가까운 수산화인회석 인공 뼈 - 수산화인회석은 생체 친화성이 좋아서 인공으로 합성하여 인공 뼈나 틀니에 사용한다.

스칸듐 (Scandium, Sc)

전이금속

- **원자 번호**: 21
- **원자 질량**: 44.96
- **상온에서**: 고체. 은백색
- **녹는점**: 1,541℃ **끓는점**: 2,836℃
- **발견**: 1879년 닐손
- **이름**: 라틴어 'Scandinavia"
- 자연 화합물 희소금속
- **친한 원소**: 산소. 탄소, 수소, 할로겐 원소 등

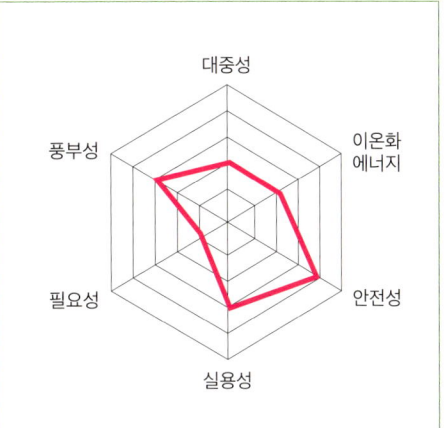

스칸듐은 은백색의 금속으로 산화하면 노란 빛을 띤다. 비교적 부드럽지만 단단한 금속으로 물과 서서히 반응하고 산과는 급격하게 반응한다. 가둘리나이트나 육세나이트 광물에서 추출하는데 희귀하진 않지만 여러 광물에 미량으로 들어 있어서 다른 원소를 추출하는 과정에서 부산물로 얻는다.

스칸듐 화합물은 금속 할로겐램프 제조에 사용한다. 금속할로젠 램프는 수명이 길고 높은 휘도와 에너지 효율이 뛰어나서 스튜디오 조명이나 체육관 조명 같은 스포츠 경기 시설 등의 야간 조명에 사용된다.

스칸듐을 알루미늄 합금에 첨가하면 녹는점과 강도가 높아지고 가벼워서 항공기 기체, 자전거 프레임, 야구 금속 배트 같은 스포츠 장비 등에 사용한다.

야구 방망이 - 스칸듐 알루미늄 합금으로 만들어 가볍고 단단하다.

인도 공군의 MiG-21(초음속 제트 전투기나 요격기) - 가볍고 단단한 스칸듐 알루미늄 합금으로 만들었다

야구장의 조명 -스칸듐 아이오딘화물이 주입된 고성능 금속 할로젠 램프로 수명이 길고 에너지 효율이 뛰어나다.

22 티타늄/타이타늄(Titanium, Ti) 전이금속

원자 번호: 22
원자 질량: 47.867
상온에서: 고체. 은백색
녹는점: 1668℃ **끓는점:** 3287℃
발견: 1791년 그레고르
이름: 그리스 신화의 거인 'Titans'

자연 화합물 | 희소금속

친한 원소: 비금속 원소, 할로젠 원소 등

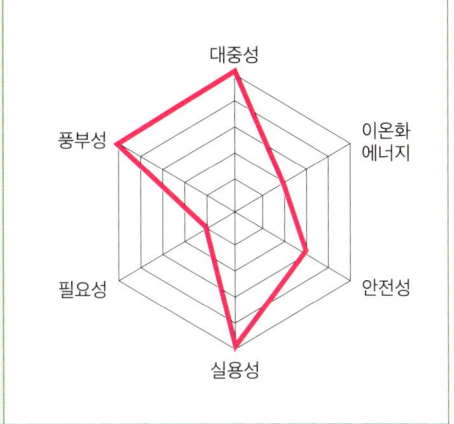

    티타늄은 은백색의 금속으로 아주 단단하고 산소와 접촉하면 산화막이 형성되어 부식에 강하다. 지각에서 9번째로 풍부한 원소이고 주로 금홍석과 일메나이트 광물에서 추출되며 추출, 제련, 가공이 어려워서 가격이 비싸다.

    티타늄은 강철만큼 강도가 높고 열에 강하면서 무게는 반 정도로 가볍고 물속에서 부식되지 않고 진동이나 충격에 강해서 다양한 원소와 합금하여 항공기 동체, 우주선, 미사일, 스포츠 장비 등에 사용한다. 세계에서 제일 빠른 유인 제트기인 SR 블랙버드의 동체도 티타늄으로 만들었다.

    티타늄 산화물은 치약, 과자, 페인트, 의약품, 화장품 등에 흰색 색소로 사용한다. 부엌이나 욕실에서 빛을 흡수하여 오염물질을 살균 정화하는 광촉매나 자동차 사이드 미러 코팅에 사용한다.

Kroll 공정으로 만든 티타늄 원소 샘플

록히드 A-12 - 93% 티타늄으로 만든 첫 번째 비행기로 정찰기는 거의 티타늄으로 만든다.

티타늄은 단단하고 가벼워서 휴대전화, 자전거 프레임, 음향기기, 안경테, 형상기억합금 등에 사용한다.

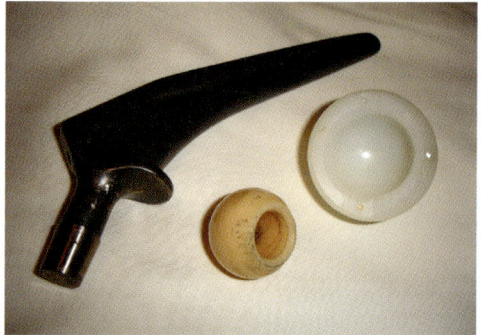

티타늄 고관절 보철물, 헤드 및 폴리에틸렌 비구 컵 - 티타늄은 생체 거부 반응이 거의 없고 생체 조직과의 친화성도 좋아서 치아 임플란트, 정형외과 수술재료, 인공 관절, 심장 판막 등 의료기기에 사용한다.

선크림과 콤팩트 - 자외선 차단 효과가 있는 이산화티타늄이 들어 있다.

자전거 크랭크 - 티타늄, 알루미늄 합금, 크롬강 등으로 만들어 가벼우면서 단단하고 충격에 강하다.

23 바나듐 (Vanadium, V)

전이금속

원자 번호: 23
원자 질량: 50.942
상온에서: 고체. 은백색
녹는점: 1910℃ **끓는점:** 3407℃
발견: 1801년 델리오
이름: 스칸디나비아 신화의 여신 'Vanadis'
[자연 화합물] [희소금속]
친한 원소: 산소. 탄소, 수소, 할로젠 원소 등

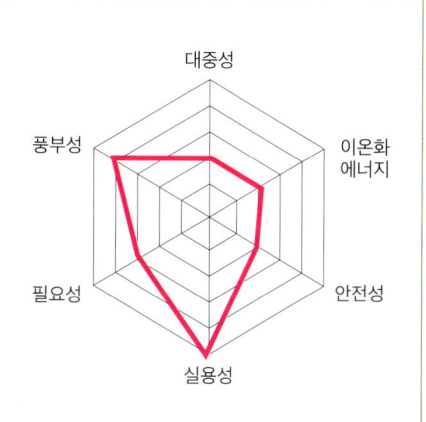

바나듐은 은백색의 부드럽고 잘 늘어나는 단단한 금속으로 산소와 반응하면 산화막이 형성되어 부식에 강하다. 지각에 비교적 풍부하게 존재하여 다양한 종류의 광석과 화석 연료가 매장된 지역에서 발견된다.

다양한 합금의 재료인 바나듐은 전체 생산량의 80%로 강철에 첨가해서 철강 강도를 강화시키는 용도로 사용된다. 바나듐 합금은 자동차, 항공기, 강철, 스프링, 엔진, 각종 공구 등에 사용한다. 크롬 바나듐 합금은 단단해서 전기 드릴의 드릴 날, 드라이버나 스패너. 렌치 등에 사용하고 중성자 흡수를 하지 않아 원자로에도 사용한다. 티타늄과의 합금은 단단하고 열에 강해서 제트엔진, 항공기 동체에 사용한다.

바나듐은 멍게와 광대 버섯에 다량 함유되어 있으며 인체에도 필요한 듯하나 정확한 역할은 알려지지 않았다. 바나듐 화합물은 인슐린에 대한 세포 민감성이 증가해서 당뇨병을 개선한다고 밝혀져서 이에 대한 연구가 진행 중이다.

바나듐 화합물은 다양한 화학공정에 촉매로도 광범위하게 사용하며 바나듐을 배

터리에 사용하면서 가격이 폭등했다. 바나듐 이온 배터리는 바나듐 사용하는 새로운 2차 전지로 리튬이온보다 출력이 높고 효율이 좋다. 발열이나 화재 위험이 없이 안전하고 효율이 높고 수명도 길어서 전기차 충전소나 가정, 산업용, AI데이터 센터, 재생에너지 그리고 선박용으로 개발하고 있다.

1910년 모델 T 포드 - 섀시에 바나듐 강철을 사용했다.

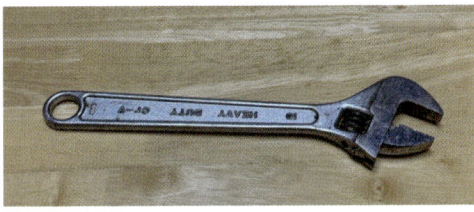

크롬 바나듐 합금으로 만든 공구들

바나듐의 산화 상태 - 왼쪽부터 $[V(H_2O)_6]^{2+}$ (라일락), $[V(H_2O)_6]^{3+}$ (녹색), $[VO(H_2O)_5]^{2+}$ (파란색) 및 $[VO(H_2O)_5]^{3+}$ (옐로우) 바나듐은 화합물을 만들 때 다양한 색과 화학적 성질을 가진 다른 산화 상태를 가진다.

크롬/크로뮴(Chromium, Cr)

전이금속

원자 번호: 24
원자 질량: 51.996
상온에서: 고체. 은백색
녹는점: 1907℃ **끓는점**: 2671℃
발견: 1797년 보클랭
이름: 그리스어 'Chroma(색)'
자연 화합물 | 희소금속
친한 원소: 산소. 질소. 탄소. 황. 할로젠 원소 등

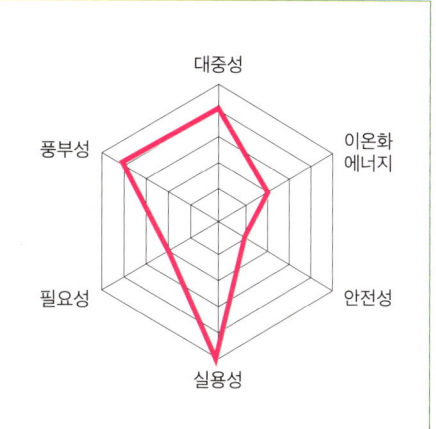

크롬은 광택이 있는 은백색 금속으로 단단하고 부식에 강하다. 지각에 21번째로 풍부한 원소이며 크로마이트 광석에서 추출한다. 크롬 화합물은 붉은색, 초록색, 보라색, 회색 등 다양한 색을 띠어서 물감이나 염색의 재료로 사용한다.

3가 크롬(Cr^{3+})은 콩류에 들어 있는데 독성이 없고 체내에서 당의 대사를 돕는다. 부족하면 당뇨병 확률이 올라간다. 6가(Cr^{6+}) 크롬은 도금이나 특수 도금용 약품에 사용하는데 인체에 매우 해로워서 취급을 규제한다. 크롬 도색제는 오래 흡입하면 중금속 중독이 되는데 대체 원소가 없어서 계속 사용하고 있다.

산화 크롬으로 코팅하면 공기를 차단하여 내부 물질의 부식을 막고 반짝거려서 자동차 부품, 자전거, 가전제품, 공구 등의 다양한 분야에서 사용한다. 크롬은 철과 니켈, 망간 등과 합금되어 스테인리스강을 만드는데, 부식에 강하고 내구성이 뛰어나 요리 기구, 자동차. 수술 기구, 산업용 재료나 건설 재료 등에 사용된다. 크롬 바나듐 합금은 단단해서 전기 드릴의 드릴 날, 드라이버나 스패너. 렌치, 펜치 등에 사용한다.

루비의 붉은색은 내부에 미량의 크롬이 있기 때문이다.

무수 염화 크롬 - 촉매와 양모 염료의 전구체로 사용한다.

크롬 탄화물 - 금속 합금의 첨가제로 사용한다.

도로의 노란 선 - 크롬 화합물인 크롬 옐로로 색칠한다.

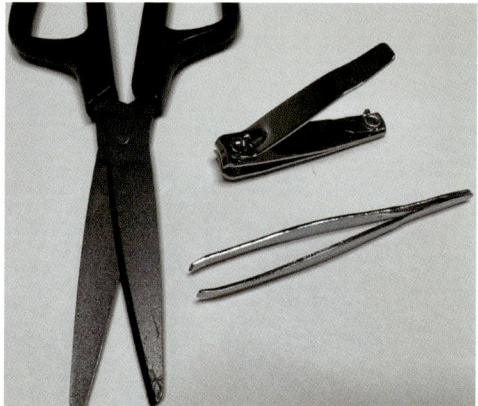
스테인리스강으로 되어 있는 가정용 기구들 - 크롬을 11% 이상 함유해야 스테인리스강이라고 부른다.

자동차 엔진의 배기 매니폴드 - 자동차의 엔진, 머플러, 회사 표시 등은 크롬 도금을 한다.

25 망간/망가니즈(Manganese, Mn)

전이금속

- **원자 번호**: 25
- **원자 질량**: 54.938
- **상온에서**: 고체. 은백색
- **녹는점**: 1246℃ **끓는점**: 2061℃
- **발견**: 1774년 간
- **이름**: 'Mangnesia nigra(검은 마그네시아)'
- 자연 화합물 희소금속
- **친한 원소**: 산소, 탄소, 칼륨, 수소, 할로젠 원소 등

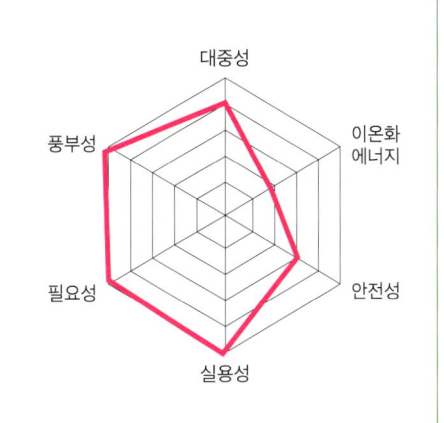

망간은 은백색의 금속으로 단단하지만, 순수한 상태에서는 부서지기 쉽다. 지각에서 12번째로 많은 원소로 지각의 약 0.1%를 차지하며 수백 가지 광물 속에 존재한다. 심해저에도 망간 단괴가 5000억 톤 이상 존재해서 고갈 우려가 거의 없다.

자연에 풍부한 이산화 망간은 석기 시대부터 그림 그리는 안료로 사용되었고 유리의 색을 제거하거나 추가하는 물질로 사용되었다.

망간은 다양한 화학 반응의 촉매로 사용하는데 산화제나 고무 첨가제로 사용하고 망간 건전지에서 전자를 받는 양극으로도 사용한다.

망간을 가장 많이 사용하는 곳은 제철소로, 망간철을 탈 산소제, 탈 황제로 사용한다. 망간은

망간 광석.

망간 염화물 결정.

철과 합금되어 강도가 매우 크고 부식에 강해서 철도 레일, 와이어, 금고, 감옥의 빗장 등을 만드는 데 사용한다. 알루미늄-망간 합금은 부식에 강해서 음료수 캔에 사용한다.

망간은 뼈 형성, 영양소 대사 과정, 혈액 응고, 소화 촉진 등 인체 대사의 핵심 물질이다. 또 산화 환원 효소, 전이 효소, 가수분해효소 등 다양한 효소의 보조인자로 작용한다.

식물의 광합성 작용에서는 물을 분해해서 산소를 방출하는 과정에 사용한다.

망간이 부족하면 성장 이상, 당뇨, 생식 능력이 저하되고 과다섭취하면 망간 중독으로 신경 퇴행성 장애를 유발한다.

동굴 벽화 중 일부에 망간계 색소를 사용했다.

건전지 - 망간이 전자를 받아들이는 양극으로 사용된다.

동전 넣는 자판기 - 동전 속 망간이 우수한 전자기적 성질을 가져서 자판기가 인식한다.

철도 레일 - 망간과 철 합금으로 만든 철도 레일은 단단하고 부식에 강하다.

26 철 (Iron, Fe)

전이금속

원자 번호: 26
원자 질량: 55.845
상온에서: 고체. 은회색
녹는점: 1538℃ **끓는점**: 2861℃
발견: 고대
이름: 그리스어 'Ieros(강하다)'
원소기호: 라틴어 'ferrum'
자연 화합물
친한 원소: 비금속원소, 할로젠 원소 등

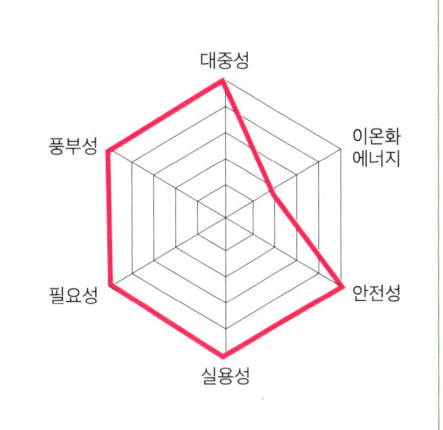

철은 은회색 금속으로 우주와 지구에 많이 존재하며 지구 질량의 32%를 차지한다. 별 내부의 핵융합으로 만들어지는 마지막 원소로 지구핵의 대부분이 철로 구성되어 지구 자기장을 형성하는 것으로 추정된다.

철은 4500년 전에 건축된 대형 피라미드에도 철제 망치를 사용했을 정도로 인류 역사상 가장 오래된 금속 중 하나이다.

철은 자성을 띠는 금속으로 산소와 물과 쉽게 반응하여 산화철(녹)을 만들기 때문에 주석이나 아연으로 도금하거나 탄소나 니켈과 합금하여 부식에 강하게 만든다. 또 여러 화학반응에서 촉매나 환원제로 사용한다.

세계 금속 생산량의 95%를 차지하는 철은 다양한 금속들과 합금하여 건축 재료나 철도, 선박,

고구려의 비늘갑옷 - 철로 만든 비늘을 엮어서 만든 갑옷의 비늘들로 단단하고 가공이 쉽다.

자동차, 각종 기계와 도구를 만드는데 사용한다. 철은 원료도 풍부하고 가격도 저렴하면서 단단하고 가공하기 쉽고 강도, 자성, 내열성 등을 다양하게 강화할 수 있다.

또한 인체 필수 원소이기도 해서 인체에는 평균 4g의 철분이 함유되어 있다. 그 중 3/4이 적혈구에 있는 헤모글로빈으로, 산소를 운반하고 저장하고 세포로 전달하는 역할을 한다. 철 결핍은 혈액 중 철분 부족 현상인 빈혈을 일으키는데 피로하고 몸이 약해진다.

 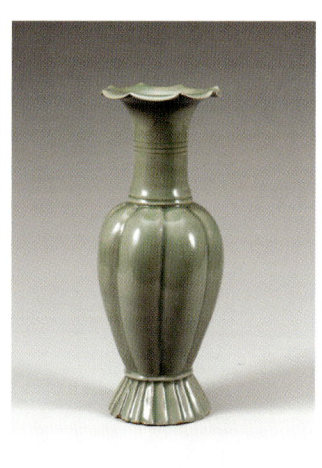 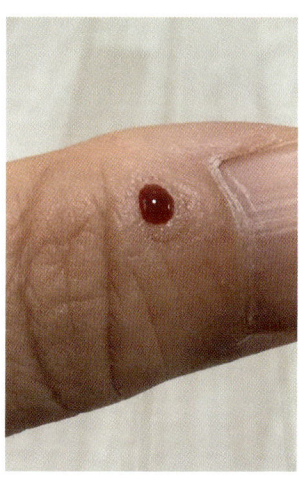

녹슨 자전거 부속 - 철이 산화되어 산화철이 되었다.

고려 청자 - 고려 청자는 유약의 산화철이 환원되면서 푸른 빛을 낸다.

혈액 - 피가 붉게 보이는 건 적혈구에 철을 함유한 헤모글로빈이 있어서이다.

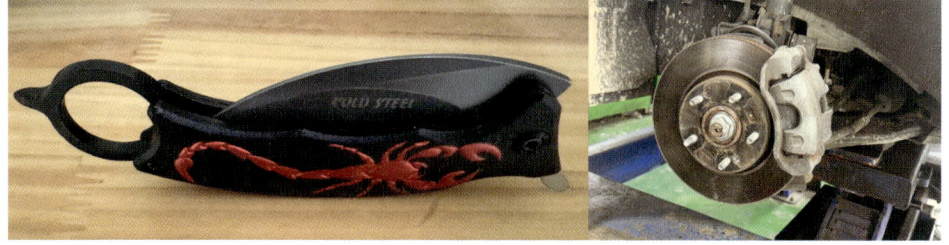

강철로 만든 칼, 자동차 드럼 - 탄소와 철의 합금인 강철은 건축, 교량, 철도, 자동차, 선박, 주택, 공구 등에 다양하게 사용된다.

27 코발트 (Cobalt, Co)

전이금속

원자 번호: 27
원자 질량: 58.933
상온에서: 고체. 은회색
녹는점: 1495℃ 끓는점: 2927℃
발견: 1735년 브란트
이름: 독일어 'Kobold(땅속 요정)'
자연 화합물 희소금속
친한 원소: 비금속 원소. 할로젠 원소 등

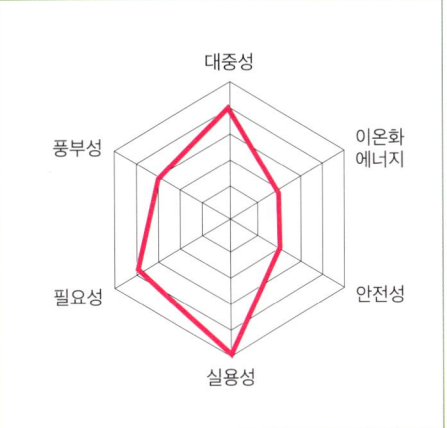

코발트는 은회색을 띠는 금속으로 고온에서 산소와 반응한다. 구리 광산의 부산물로 코발트 광석에서 채굴되며 기원전부터 도자기와 유리에 푸른색 염료로 사용되었다.

강자성체인 코발트는 철이나 니켈, 알루미늄과 합금하면 강도, 자성, 내구성이 강해진 자석이 된다. 코발트 화합물은 도자기, 유리, 옷감, 물감 등의 색을 내는 데 사용하고 화학 공업에서는 촉매로 사용한다.

대부분의 코발트는 리튬이온 배터리의 양극 재료로 사용되지만 방사성 동위원소 코발트-60은 감마선을 방출하여 암 치료에 사용한다. 염화 코발트는 푸른색인데 물을 흡수하면 분홍색으로 변해서 수분 검출용 염료나 건조제 지시약으로 사용한다.

코발트 합금은 매우 단단하고 고온과 부식에 강해서 가스 터빈, 항공기 엔진, 정형외과용 임플란트, 보철 부품 등에 사용한다.

코발트는 비타민 12의 구성 성분으로 적혈구 생성에 필요하지만 코발트를 과하게 흡수할 경우 독성이 있다.

코발트 광석.

산업용 코발트 블루 안료.

코발트 클로라이드 육수화물 시료.

알니코 자석- 알루미늄, 니켈, 코발트와 철합금으로 만든 자석으로 강력한 영구자석이다.

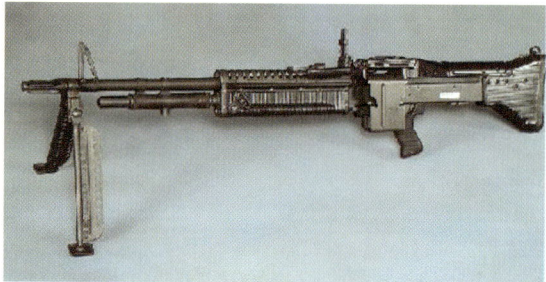
M60 기관총 - 총신의 일부가 스텔라이트 합금으로 되어 있다. 스텔라이트(Stellite)는 코발트, 니켈, 크롬, 텅스텐의 합금으로, 열에 강하고 마모가 안 돼서 절삭 공구와 용광로, 석유화학 콤비나트, 항공기 등에 사용된다.

장식용 코발트 유리.

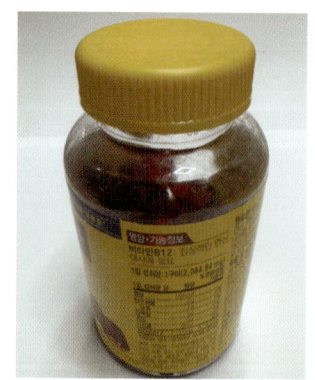
비타민 B12 영양제 - 적혈구 생성에 꼭 필요한 비타민으로 코발트가 구성성분이다.

28 니켈 (Nickel, Ni)

전이금속

원자 번호: 28
원자 질량: 58.693
상온에서: 고체. 은백색
녹는점: 1455℃ 끓는점: 2913℃
발견: 1751년 크론스테트
이름: 독일어 'Kupfernickel(악마의 구리)'
자연 화합물 희소금속
친한 원소: 산소. 인. 황. 탄소. 수소. 할로젠 원소 등

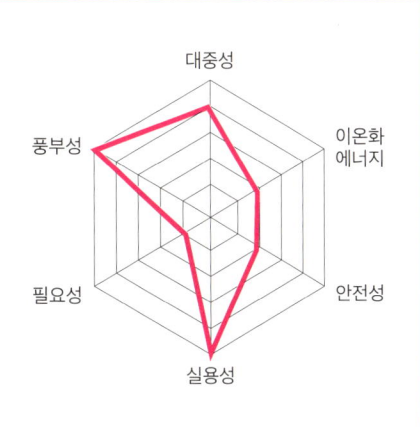

니켈은 자성이 있는 은백색의 단단한 금속으로 연성과 전성이 뛰어나 가공이 쉽다. 니켈은 별의 핵융합과 초신성 폭발을 통해서 생성되고 니켈 광석에서 채굴한다. 니켈은 청동기 시대부터 사용된 금속으로 기원 전부터 구리와 니켈이 섞인 백동으로 동전을 만들었다.

니켈은 다양한 합금의 주성분으로 철과 크롬을 포함한 스테인리스강을 제조하는데 전체 니켈의 2/3가 사용되는데 스테인리스강은 단단하고 열에도 강해서 항공, 우주, 화학 공업 등에 사용한다. 니켈과 타이타늄 합금은 형상 기억과 초탄성을 가져서 말초 스탠트나 심장판막 등의 의료용과 니켈-카드뮴(NiCd) 전지와 니켈-수소(NiMH) 전지 등의 충전식 전지의 음극으로 사용

타멘팃 운석 - 1864년 알제리의 사하라 사막에서 발견된 철-니켈 합금으로 구성된 운석이다.

한다. 니켈과 란탄 합금은 수소를 저장하는 수소저장합금으로 사용하며 니켈과 레늄의 합금은 초내열 합금으로 제트엔진, 터빈 날개 등에 사용한다.

고농도의 니켈은 독성이 있어 산에 약한 니켈이 땀에 녹으면서 피부에 알레르기를 일으킨다.

인바 샘플 - 열팽창 계수가 낮은 니켈 철 합금으로 온도 변화에 따른 길이 변화가 거의 없어서 높은 정밀성과 치수 안전성이 필요한 정밀기기, 우주항공, 지진계, 시계 등의 분야에 사용한다.

동전 - 100원, 500원 동전은 잘 부식되지 않는 니켈과 구리의 합금으로 만들었다.

니켈 황산염 결정.

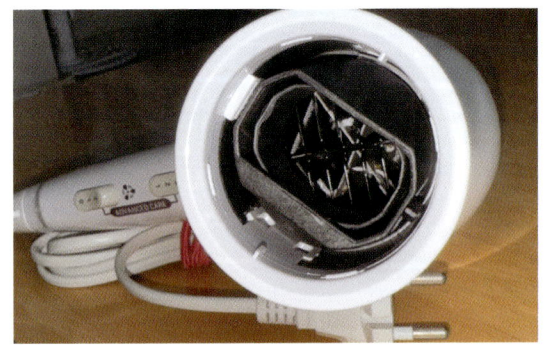

헤어드라이어 - 니크롬 열선이 달궈져서 뜨거운 바람이 나온다. 니크롬은 니켈과 크롬의 합금으로 전기 히터와 토스터, 헤어드라이어, 전기 주전자 등에 발열체로 사용한다.

색소폰 - 니켈에 아연과 구리를 합금한 니켈 실버는 부식에 강해서 지퍼와 값싼 보석, 색소폰이나 트럼펫 같은 악기를 만드는 데 사용한다.

29 구리 (Copper, Cu)

전이금속

- 원자 번호: 29
- 원자 질량: 63.546
- 상온에서: 고체. 붉은색
- 녹는점: 1085℃ 끓는점: 2562℃
- 발견: 고대
- 이름: 키프로스섬의 라틴어 'Cuprum'
- 자연 홑원소
- 친한 원소: 산소, 황, 탄소, 질소, 수소, 할로젠 원소 등

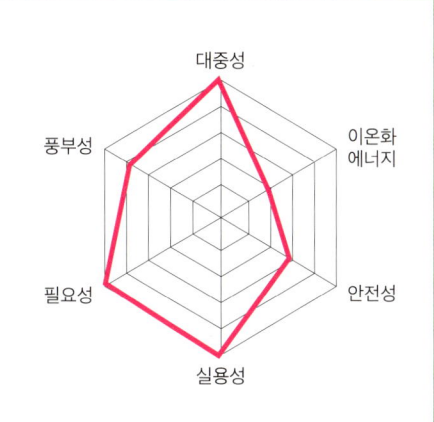

구리는 붉은빛을 띠는 금속으로 지각에 26번째로 많이 존재하며 주로 구리광으로 채굴한다.

구리는 인류가 가장 먼저 사용한 금속 중 하나로, 고대 이집트, 메소포타미아, 로마 등 여러 고대 문명에서 사용되었다. 구리와 주석을 섞어 만든 청동으로 칼, 방울, 거울 등을 만들면서 청동기 시대가 열렸다.

청동과 구리는 산화되면 녹청 피막이 생겨서 더 이상 산화가 진행되지 않아서 청동기 유물이 현재까지 보존될 수 있었다.

철, 알루미늄 다음으로 세계에서 3번째로 많이 소비되는 금속인 구리는 열전도성과 전기 전도성이 뛰어나서 전선과 열 교환 촉매, 조리기구의 제조에 사용된다. 니켈이나 알루미늄과 구리 합금은 부식에 강해서 자동차, 선박, 항공기, 유정

백제 금동대향로 - 청동에 금을 도금한 향로이다. 청동(Bronze)은 구리와 주석의 합금으로, 강도가 높으면서 가공하기 좋아서 조각상이나 칼, 기계 부품, 건물의 외벽, 장신구 등에 사용한다.

굴착 장비 등에 사용한다. 또 다른 원소와 반응하여 다양한 화합물을 만든다.

구리는 인체에서 필수 원소로, 산소 운반 효소, 전자 전달, 에너지 생산과 항산화 작용에 관여한다. 구리가 결핍되면 빈혈, 뼈와 관절 손상이 나타나고 과하면 간경화, 설사, 구토 등을 일으킨다. 오징어나 문어의 혈액에는 구리가 들어 있는 헤모시아닌이 있어 무색 투명하다가 산소와 결합하면 푸르게 보인다.

황동 장식품들 - 황동(Brass)은 구리와 아연의 합금으로 금과 비슷한 노란 빛을 띠고 연성이 좋아서 식기, 금관 악기, 장식품, 군용 탄피, 밸브나 배관 부품 등에 사용한다. 우리나라 10원 동전은 구리와 아연 합금을 사용한다.

가스 배관 - 구리는 반응성이 작고 가공하기 쉬워 수도나 가스, 난방용 배관에 사용한다.

구리는 전기 전도성이 뛰어나 전선에 사용한다.

5센트 동전 - 구리와 니켈의 합금. 동전에 구리를 쓰는 이유는 많은 사람의 손을 타는 동전에 구리의 항균효과를 보기 위해서이다. 항균 필름에도 구리가 들어 있다.

콘스탄탄 - 광범위한 온도에서 안정적인 전기 저항을 위해 사용되는 구리-니켈 합금으로 전기저항 가열 및 열전대에 사용한다.

30 아연 (Zinc, Zn)

전이후금속

- **원자 번호**: 30
- **원자 질량**: 65.38
- **상온에서**: 고체. 푸른빛 도는 은백색
- **녹는점**: 420℃ **끓는점**: 907℃
- **발견**: 고대
- **이름**: 독일어 'Zinke(뾰족한 가지)'
- 자연 화합물
- **친한 원소**: 대부분의 비금속 원소 등

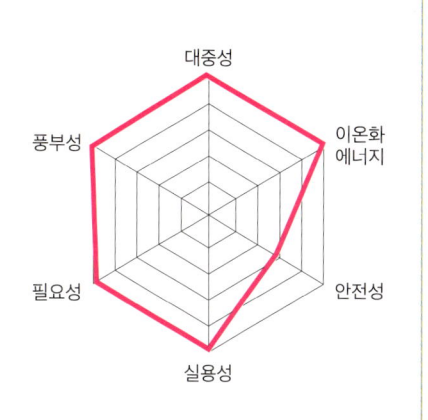

    아연은 푸른 빛 도는 은백색 금속으로 지각에서 24번째로 많이 있는 원소이며 섬아연석 등의 아연 광석에서 얻을 수 있다. 아연은 고대 그리스·로마시대부터 사용되었으며, 3000년 전부터는 구리와 합금인 황동으로 사용되었다.

    12세기경 인도에서는 순수한 아연을 추출, 사용하기 시작했다.

    아연은 철, 알루미늄, 구리에 이어 4번째로 많이 사용하는 금속으로 산과 알칼리에 녹아서 녹슬기 쉽다. 아연의 반 이상은 아연 도금 용도로 쓰는데 아연이 철보다 쉽게 산화하면서 강철의 산화를 막기 때문이다. 강철판 위를 아연으로 입혀서 건축 재료, 정원용품, 철교, 대형 선박 용접 등에 사용한다.

    산화가 쉬운 아연은 볼타전지, 수은전지, 알칼리전지 등 다양한 전지의 음극으로 만들어지고 산화아연은 예술가들에게 흰색 염료로 사용되었으며 현재는 자외선을 차단하는 선크림이나 가려운 곳에 바르는 칼라민 로션에 사용한다. 또 타이어의 고무나, 엔진의 금속 부품 산화를 방지하는 윤활유에도 쓰인다.

황동(Brass)은 구리와 아연의 합금으로, 금관악기, 장식품, 배관 부품 등에 사용된다.

아연은 인체에서 철 다음으로 많은 금속 원소로 핵산과 아미노산 대사에 중요한 역할을 하고 성장호르몬, 성호르몬, 정자 생성 등에 관여하며 면역력을 강화한다.

아연은 음식으로만 섭취할 수 있는데 굴, 붉은 육류, 견과류 등은 아연이 풍부한 음식이다.

배의 선체에 보이는 흰색 반점은 아연 블록으로 아연이 철의 산화를 막는 희생 양극 역할을 한다.

황화 아연 분말.

작동 중인 전기 발광 야간 조명 - 황화아연을 전기 발광 패널로 사용한다.

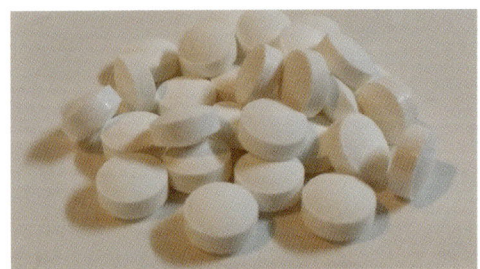
아연 보충제 - 글루콘산 아연으로 아연이 부족하면 생식 기능 저하, 면역 및 갑상선 기능 저하, 미각 장애 등이 나타난다.

천천히 증발시켜 결정화된 아연 아세테이트.- 아연 아세테이트는 의약품이나 건강 보조 식품, 연고 등으로 사용한다.

산화 아연 샘플 - 산화 아연은 페인트 백색 안료와 고무 제조의 촉매로 사용한다.

31 갈륨 (Gallium, Ga)

전이후금속

원자 번호: 31
원자 질량: 69.723
상온에서: 고체. 파란빛 띠는 은백색
녹는점: 30℃ 끓는점: 2204℃
발견: 1875년 부아보드랑
이름: 라틴어 'Gallia(갈리아)'
자연 화합물 | 희소금속
친한 원소: 가열하면 비금속 원소. 할로젠 원소 등

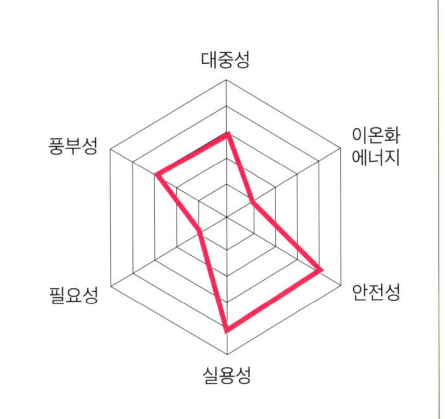

갈륨은 파란색을 띠는 은백색 금속으로 자연에 매우 적은 양이 존재하며 대부분 알루미늄이나 아연을 정련할 때 부산물로 얻어진다. 갈륨은 녹는점이 매우 낮아 손으로 잡으면 쉽게 녹는다.

갈륨은 녹는점은 낮고 끓는점이 높아서 액체로 존재하는 온도 범위가 넓어 고온용 온도계에 사용한다.

갈륨은 대부분 금속과 합금하는데 주요 반도체 소재로 컴퓨터나 조명 등에 사용한다.

질화갈륨(GaN)은 파란색 LED 및 레이저 다이오드, 고밀도 블루레이 광학 저장 디스크에 사용한다.

갈륨비소는 전기를 빛으로 변화하는 성질이 있어 전광판 등 빨간색, 적외선 LED에 사용하고 입력용 레이저, 고속 트랜지스터, 마이크로 집적파 등과 태양전지 제작에도 사용하는데 가격이 비싸서 인공위성이나 우주 탐사선의 에너지 공급에 사용한다. 갈륨 인듐 비소는 적외선 감지기와 반도체 레이저와 태양광 발전 및 트랜지스터에 사용한다.

방사성 동위원소인 갈륨-67은 갈륨 스캔에 사용하여 사람의 몸에서 종양의 정확한 위치나 감염 부위를 찾아낸다. 갈륨은 반도체를 재활용해 사용할 수 있다.

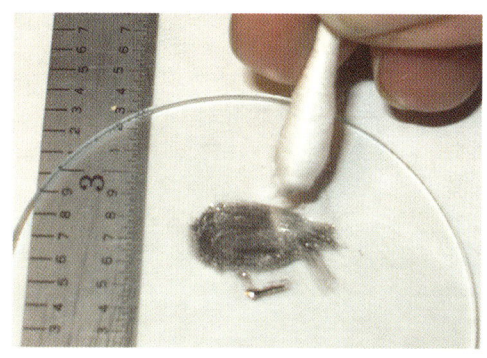

갈리스탄 - 깨진 온도계에서 나온 갈리스탄 한 방울을 유리에 발라 거친 거울을 만든다. 갈륨과 인듐, 주석을 포함하는 갈리스탄 합금은 독성이 있는 수은 대신 온도계에 사용한다.

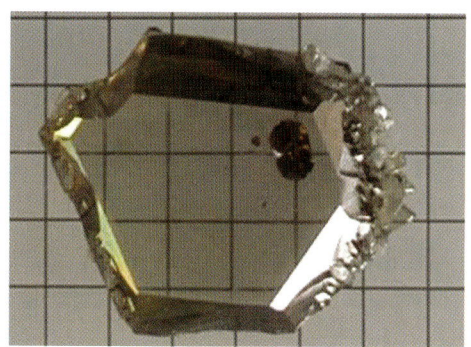

질화갈륨의 단결정.

자동차 계기판 - 질화 갈륨은 파란색 LED 불빛의 재료이다.

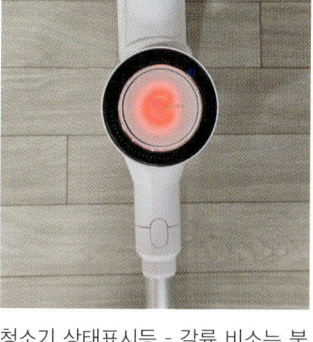

청소기 상태표시등 - 갈륨 비소는 붉은색 LED 불빛의 재료이다.

미국의 해상 레이더 AN/SPY-6 - 질화갈륨으로 제작되어 기존 레이더 소자인 갈륨비소보다 민감도가 30배 이상 높다.

32 게르마늄/저마늄(Germanium, Ge) 준금속

- **원자 번호**: 32
- **원자 질량**: 72.63
- **상온에서**: 고체. 은백색
- **녹는점**: 938℃ **끓는점**: 2833℃
- **발견**: 1886년 빙클러
- **이름**: 독일의 옛이름 'Germania'
- 자연 화합물 / 희소금속
- **친한 원소**: 가열하면 산소. 탄소. 수소. 황. 할로젠 원소 등

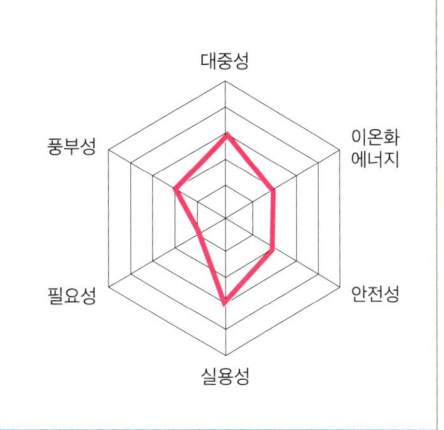

게르마늄은 은백색의 단단한 원소로 별의 핵합성에서 만들어지며 지각에 소량 존재하고 주로 아연이나 구리를 정련할 때 부산물로 얻어진다.

게르마늄은 온도가 상승할수록 전기 전도율이 높아지는 반도체로 트랜지스터, 다이오드, 태양전지판, 기타 전자 부품 등에 사용했으나 1970년대 이후 규소로 대체되었다. 일부 집적회로는 규소와 게르마늄 혼합물로 만들기도 한다.

게르마늄 산화물은 적외선을 잘 통과시켜서 적외선을 감지해야 하는 적외선 열화상 카메라나 야간 투시경의 렌즈로 사용하고 굴절률이 커서 광각 카메라 렌즈와 현미경 렌즈로도 사용하며 페트용 수지의 촉매 등 산업용 촉매로도 사용한다. 또한 광섬유의 코어 재료로 수신 측에서 광신호를 전기신호로 바꾸는 광섬유에 사용한다.

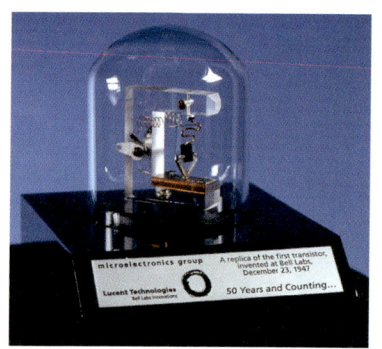

트랜지스터 - 게르마늄은 반도체로 사용한다.

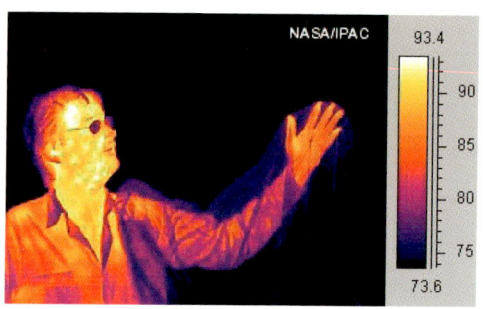

사람의 열화상 이미지 - 게르마늄 산화물은 적외선을 잘 통과시켜서 열화상 카메라 렌즈에 사용한다.

모뎀과 광케이블 - 광섬유를 이용한 통신매체로 산화 게르마늄은 굴절률이 매우 크고 분산율이 낮아서 광섬유에 사용한다.

2003년 이라크 전쟁 당시 야간 투시경으로 본 미군 병사들.

33 비소 (Arsenic, As)

준금속

원자 번호: 33
원자 질량: 74.922
상온에서: 고체. 은백색
승화점: 615℃
발견: 13세기 마그누스
이름: 그리스어 'arsenikos(남자다운)'
`자연 화합물` `희소금속`
친한 원소: 대부분의 비금속 원소

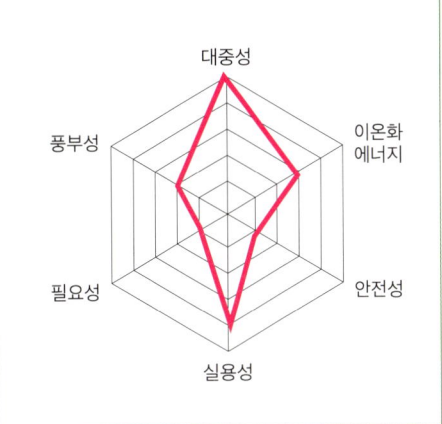

비소는 은백색 금속으로 공기 중에서 산화하여 칙칙한 색으로 변한다. 계관석과 오피먼트 등에 함유되어 있고 구리 생산의 부산물로 얻는다. 여러 동소체 중 회색 비소는 밀도가 높고 금속과 같은 광택을 가지고 있으며 황색 비소는 비금속으로 부서지기 쉬운 분말이다.

비소는 고대부터 알려져서 19세기 말까지 염료로 사용되었고 역사적으로 권력이나 재물을 차지하기 위한 독극물로도 많이 사용되었다.

비소는 구리, 납과 함께 합금으로 사용하는데 주로 납 합금으로 자동차 배터리나 총알, 탄약, 베어링 합금 등에 사용한다.

갈륨 비소(GaAs)는 집적회로나 반도체 레이저, 붉은색을 띠는 LED에 사용하고 태양전지에 사용하는데 갈륨 비소 태양전지는 태양에너지를 전기로 바꿔주는 광변환 효율이 실리콘 태양전지보다 2배 이상 높다. 비소산화물은 과거에는 매독 치료제로도 사용했으며 의료용으로 승인되어 현재 백혈병 치료에 사용한다. 비소 중독은 급성 중독 시 구토, 복통, 설사, 사망을 초래할 수 있다.

천연 비소 샘플.

M2 브라우닝에 장전된 .50 BMG 탄약 벨트. 사진 속 50구경 탄약은 철갑소이탄 4발, 철갑소이예광탄 1발로 1개 탄통에 100발이 들어 있다. 비소와 납 합금으로 만들었다.

미드스타1 위성의 삼중 접합 갈륨 비소 태양전지. 갈륨비소 태양전지는 태양 에너지를 전기로 바꿔주는 광변환 효율이 40%로 실리콘 태양전지보다 효율이 월등히 높다.

비소 산화물 샘플 - 비상이라 불리는 삼산화비소는 냄새도 없고 설탕 비슷한 흰 분말이라 사람을 죽이는 데 사용되었다.

밭에 살충제를 살포하는 농작물 살포기 - 비소 산화물은 독성이 강해서 제초제와 살충제로 사용했으나 토양을 오염시켜 현재는 사용하지 않는다. 쥐약이나 파리 끈끈이에는 아직도 사용한다.

34 셀레늄 (Selenium, Se)

비금속

원자 번호: 34
원자 질량: 78.971
상온에서: 고체. 회색
녹는점: 221℃ 끓는점: 685℃
발견: 1817년 베르셀리우스
이름: 그리스어 'selena(달)'
자연 화합물   희소금속
친한 원소: 대부분의 원소

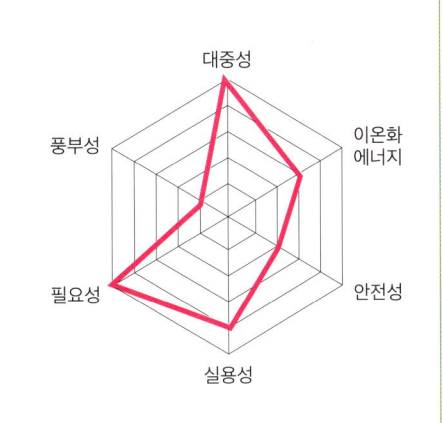

셀레늄은 광택 있는 회색의 반도체 성질을 가진 원소로 황화물 광석에 소량 들어 있어 황산 제조나 구리 정련할 때 부산물로 얻는다.

셀레늄의 1/3이 유리 제조와 망간 추출에 사용된다. 유리공업에서 유리의 탈색제와 착색제로 사용하고 통과하는 자외선의 양을 감소시키기 때문에 건축용 유리로도 사용한다. 셀레늄은 빛이 닿으면 전기 전도성이 크게 향상되는데 이를 이용하여 복사기나 사진 광도계, 팩스기의 감광 드럼, 필름 촬영 시 광량을 측정하기 위한 카메라의 노출계 등에 사용되다가 독성으로 인해 현재는 다른 물질로 대체되었다.

셀레늄은 생명체 필수 원소로 세포 내부의 손상을 방지하는 효소를 구성하고 세포 노화를 지연시키며 갑상선 기능을 조절한다. 견과류에 많이 들어 있고 특히 브라질너트는 한두 알만으로 하루권장량을 충족할 만큼 셀레늄 함량이 높다. 과다 섭취 시 셀레늄 중독을 일으키므로 주의가 필요하다.

검정색, 회색, 붉은색 셀레늄 - 여러 동소체가 있지만, 회색 금속성 상태가 가장 안정적이다.

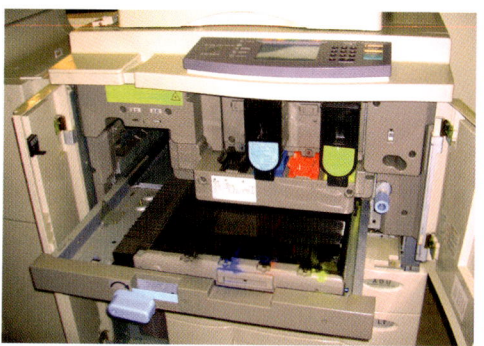

복사기 - 빛의 세기에 따라 전기 흐름이 달라지는 셀레늄의 광전도성을 이용하여 복사한다. 복사기 드럼 표면에 셀레늄이 발라져 평소엔 양전하를 띠고 빛을 받으면 음전하를 띤다.

1950년대 마디다 컴퓨터에 사용된 셀레늄 정류기 - 셀레늄의 반도체 성질을 이용한 정류기로 현재는 실리콘을 사용한다.

황화셀레늄은 비듬을 만드는 두피 곰팡이를 제거하기 때문에 비듬방지 샴푸에 사용한다.

35 브롬/브로민 (Bromine, Br)

할로젠

- **원자 번호:** 35
- **원자 질량:** 79.904
- **상온에서:** 액체. 적갈색
- **녹는점:** -7℃ **끓는점:** 59℃
- **발견:** 1825년 발라르. 뢰비히
- **이름:** 그리스어 'Bromos(악취)'
- 자연 화합물
- **친한 원소:** 거의 모든 원소.

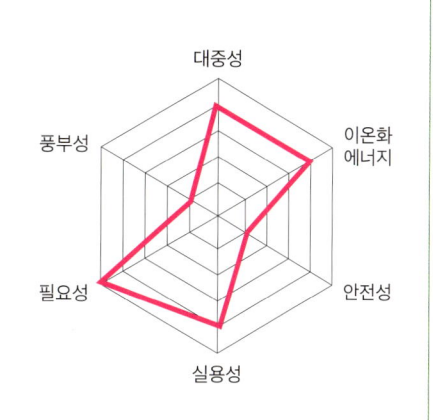

상온에서 적갈색 액체상태인 브롬은 지독한 냄새가 나는 반응성이 매우 큰 원소로 지각에는 드물지만 바닷물이나 호수 등에서 추출한다.

브롬은 불연성 물질로 생산량 대부분은 플라스틱이나 섬유에 연소 지연제로 섞어 사용한다. 화재를 막기 위한 난연제와 소화기의 소화물질, 방염제, 농약으로 사용하며 강력한 산화제라 온천이나 스파의 살균제로도 쓰인다.

지중해 연안에 서식하는 소라의 분비물에 있는 브롬은 3천 년 전부터 고급 보라색 염료(티리언 퍼플)로 사용되었다.

브롬화은($AgBr$)은 필름 사진을 현상할 때 감광제로 사용하고 브롬 화합물은 항경련제나 신경안정제로 사용하지만 살균제나 살충제로도 사용한다.

브롬은 인체에 필수적인 미량원소이나 역할은 거의 밝혀지지 않았고 독성이 강하여 피부에 닿거나 흡입하면 피부와 눈, 코, 폐 등에 점막 발진이나 정신 장해를 일으킬 수 있다. 브롬은 독성이 있고 오존층을 파괴하기 때문에 대체 화합물을 찾는 중이다.

사해, 1989년 8월 미국 우주왕복선 임무에 의해 촬영된 사진. - 사해 근처 요르단과 이스라엘에서 소금과 브롬을 생산한다. 브롬 화합물은 대부분 물에 잘 녹아서 해수에 주로 들어 있다.

티리언 퍼플의 주요 구성 요소인 디브로민 인디고.

코닥 사진 필름 - 할로젠화은과 젤라틴을 섞어 한쪽 면에 코팅했다.

브롬화은- 필름 사진을 현상할 때 감광제로 사용한다.

36 크립톤 (Krypton, Kr)

비활성

- 원자 번호: 36
- 원자 질량: 83.798
- 상온에서: 기체. 무색
- 녹는점: -157℃ 끓는점: -153℃
- 발견: 1898년 램지. 트래버스
- 이름: 그리스어 'Kryptos(숨어있는)'
- 자연 홑원소
- 친한 원소: 플루오린. 수소. 아르곤 등.

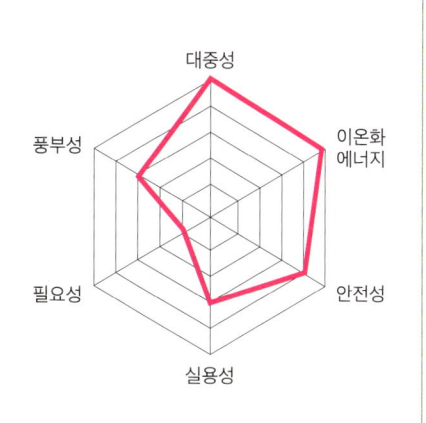

크립톤은 색깔과 냄새가 없는 비활성 기체로 반응성이 매우 낮다. 크립톤 가스를 들이마시면 헬륨과 반대로 목소리가 낮아진다. 공기보다 밀도가 커서 소리의 속도가 느려지지기 때문이다. 크립톤은 해가 없지만, 다량으로 흡입 시 질식할 수 있다.

크립톤은 열 전도율이 낮아서 전구나 스피드라이트 등에 주입하는데 크립톤 전구는 필라멘트의 수명이 오래간다. 크립톤을 채운 아크 램프는 비행장 활주로에 설치한다. 크립톤에 전류가 통하면 흰 빛을 내서 형광등, 네온사인, 사진 플래시 등의 조명 기기에서 사용한다.

최초의 크립톤 화합물은 플루오린화 크립톤으로 고체이지만 휘발성이 강해서 실온에서도 천천히 분해된다. 크립톤 플루오라이드 레이저는 플루오린화 크립톤이 분해될 때 강한 자외선을 내는 것을 이용하여 반도체 집적회로 생산. 산업용 미세가공 및 과학 연구에 사용하는 레이저이다.

방사선 동위원소인 크립톤-85는 원자핵 분열에서 자주 만들어지는 동위원소로 항공기 부품의 누출을 감지한다. 크립톤은 핵실험 여부를 알 수 있는 원소로 핵실험을 하면 크립톤과 제논이 대량으로 생성된다.

형광등에 크립톤을 사용하면 아르곤을 사용할 때에 비해 전력소모량을 줄일 수 있다.

작동 중인 크립톤 아크 램프 - 밝은 백색 빛으로 비행장 활주로에 사용한다.

크립톤 롱 아크램프와 제논 섬광관 - 레이저 펌핑에 사용되는 2개의 램프는 음극의 모양이 다르다.

Nike 레이저의 최종 증폭기 - 레이저 가스는 크립톤, 플루오린, 아르곤 혼합물이다. 관성 구속 핵융합에 관한 연구에 사용한다.

37 루비듐 (Rubidium, Rb)

알칼리금속

원자 번호: 37
원자 질량: 85.468
상온에서: 고체. 은백색
녹는점: 39℃ 끓는점: 688℃
발견: 1861년 분젠. 키르히호프
이름: 라틴어 'rubidus(붉은색)'
자연 화합물
친한 원소: 산소 수소 탄소 할로젠 원소 등.

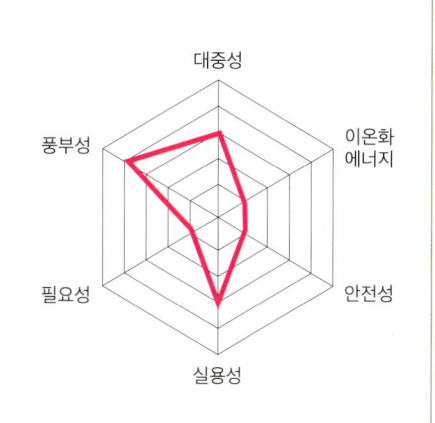

루비듐은 은백색의 부드러운 금속으로 반응성이 매우 커서 공기 중에서 자연 발화한다. 그래서 진공이나 아르곤 기체 속에 보관한다.

루비듐은 연소하면 붉은 색 불꽃을 내며 물과 만나면 격렬하게 반응하여 반응열에 의해 폭발을 일으킨다.

루비듐은 지각에 소량 존재하며 레피도라이트(홍운모) 광석에 들어있다.

루비듐 스트론튬 연대 측정법은 반감기가 488억 년인 루비듐을 이용하여 암석이나 운석에 함유된 루비듐과 스트론튬 비율을 통해 억 년 단위의 우주나 지구의 연대를 측정할 수 있다.

염화루비듐은 살아 있는 세포가 DNA를 흡수하도록 유도하는데 사용되고 루비듐 화합물은 전자를 방출하기 쉬워서 광전지 및 광전음극에 사용한다. 또한 열전 발전기와 원자시계에 사용되며 최근 루비듐을 이용한 양자컴퓨터를 개발하면서 루비듐의 가치가 급상승하고 있다.

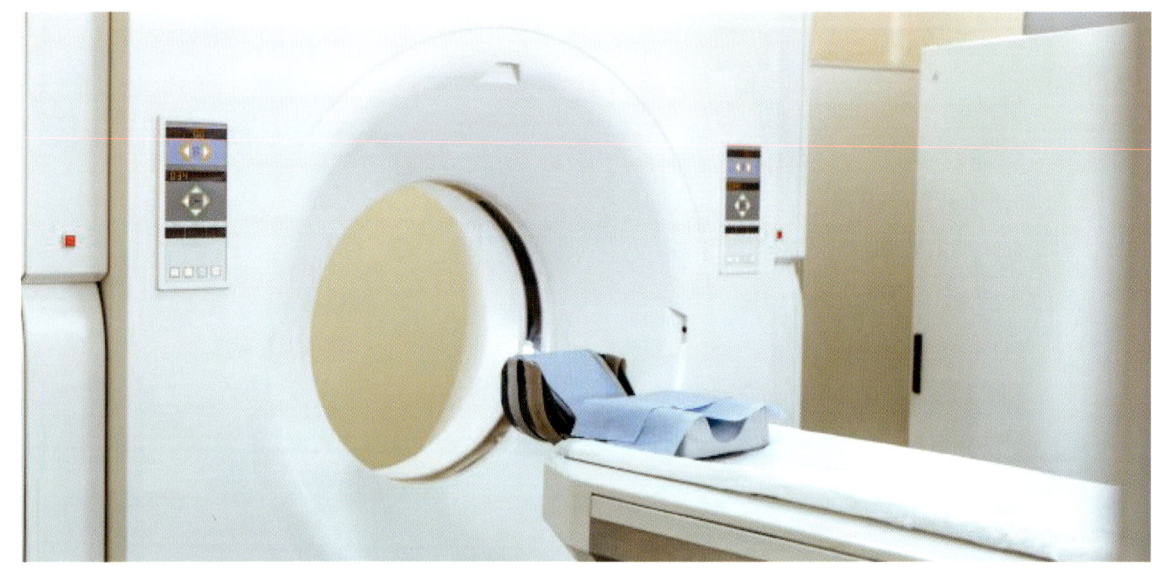

루비듐은 혈구에 잘 흡수되고 MRI에 잘 검출되어 혈액순환 추적에 사용한다.

태양전지 - 루비듐은 빛을 받으면 쉽게 전자를 내어놓아서 광전지 및 광전음극에 사용한다.

NIST의 차세대 소형 원자시계 - 루비듐 원자시계는 초정밀 시간 측정이 가능하고 세슘보다 저렴하며 소형화할 수 있다.

화이트 엘리펀트 광산에서 채취한 페크마타이트에 사방으로 뻗은 레피도라이트. 루비듐이 들어 있다.

 # 스트론튬 (Strontium, Sr)

알칼리토금속

- **원자 번호**: 38
- **원자 질량**: 87.62
- **상온에서**: 고체, 은백색
- **녹는점**: 777℃ **끓는점**: 1377℃
- **발견**: 1790년 크로퍼드
- **이름**: 스코틀랜드의 마을 이름 'Strontian'

`자연 화합물` `희소금속`

- **친한 원소**: 산소, 황, 탄소, 할로젠 원소 등

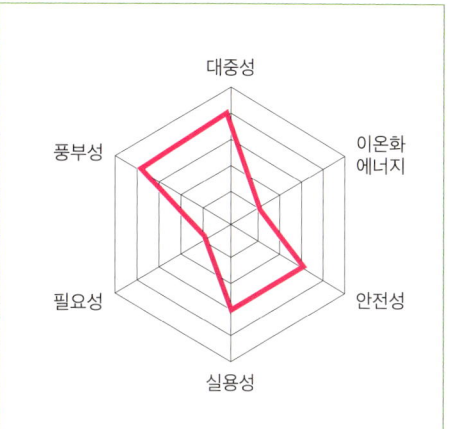

스트론튬은 부드러운 은백색 금속으로 공기 중에서 쉽게 산화하고 물과 반응하여 수소 기체를 생성한다. 지각에서 흔히 발견되며 셀레스타이트와 스트론티아나이트 광물에 많이 존재한다.

스트론튬의 가장 중요 용도는 컬러텔레비전으로, 텔레비전 브라운 관 안에서 발생하는 X-선을 차단하기 위해 음극선관 유리에 첨가되었다.

스트론튬 화합물은 연소하면 붉은색 불꽃을 나타내서 불꽃놀이나 발연통의 재료나 진공관 및 진공 장치 중 소량 존재하는 기체를 제거하기 위한 흡착제로 이용하고 우수한 형광체이기도 해서 축광 도료에 사용한다.

2011년 후쿠시마 원자력 발전소 사고 때 인공방사능 물질인 스트론튬-90이 대량으로 누출되었는데 스트론튬-90은 핵폭발 또는 원자핵 반응기에서 생성되는 물질로 반감기가 28.9년인데 환경에 유해하다.

모든 생명체의 뼈와 이에 소량 존재하며 칼슘과 성질이 비슷하여 체내에 들어가면

흡수되어 여러 뼈 질환을 일으킬 수 있다. 골밀도를 높이고 뼈를 강화하기 위해 골다공증 치료에 쓰이기도 한다.

스트론티아나이트 - 스트론튬이 많이 들어 있는 광물

음극선관 모니터 - 유리에 X-선을 차단하기 위해 스트론튬과 산화바륨이 포함되어 있다.

스트론튬 불꽃 반응.

스트론튬 염은 붉은 색을 만들기 위해 불꽃놀이에 사용된다.

알루민산스트론튬 형광체가 적용된 시계 화면. 흡수한 빛을 다른 파장으로 발광하여 어둠 속에서도 시곗바늘이 환하게 보인다.

39 이트륨 (Yttrium, Y)

전이금속

- 원자 번호: 39
- 원자 질량: 88.906
- 상온에서: 고체. 은백색
- 녹는점: 1522℃ 끓는점: 3345℃
- 발견: 1794년 가돌린
- 이름: 스웨덴 이테르비 마을 'Ytterby'
- 자연 화합물 희소금속
- 친한 원소: 산소. 가열하면 질소. 수소. 탄소. 규소. 할로젠 원소 등

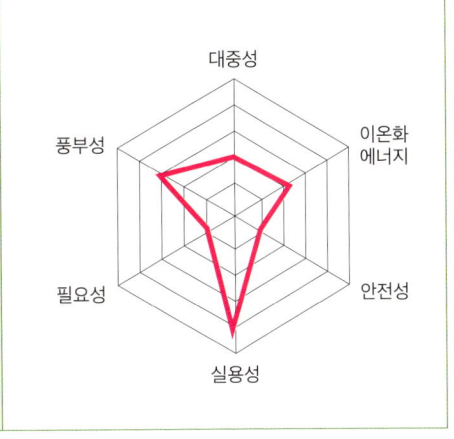

    이트륨은 부드러운 은백색 금속으로 공기 중에서는 산화피막이 만들어져 비교적 안정적이다. 물과는 서서히 반응하여 수산화이트륨과 수소 기체를 생성한다. 이트륨은 지각에서 발견되며 육세나이트나 모나자이트, 제노타임 등 광석에 많이 존재한다. 월석에 이트륨 함량이 더 높은 걸로 보아 지구보다 달에 더 흔하다.

    이트륨은 알루미늄이나 마그네슘 등 다른 금속과 합금하면 강도와 내열성이 증가하여 비행기 부품이나 고온 산업용 기계에 사용하고 이트륨 바륨 구리 산화물은 고온 초전도체 물질로 자기부상 열차나 인공 태양, 입자가속기 등에 사용한다.

    산화이트륨은 빨간색 형광 물질의 성분으로 사용하고 산화이트륨을 산화지르코늄에 첨가하여 산소 센서, 제트 엔진의 내열 부품, 산업용 연마제 및 베어링 등에 사용한다. 이트륨 알루미늄 가넷(YAG) 고체 레이저 소자는 백색 LED 형광물질, 측량, 레이저용 인공 결정과 의료용, 탐사용, 절단용, 디지털 통신 등에 사용한다.

    방사성 동위원소인 이트륨-90은 악성 림프종과 백혈병, 암치료에 사용한다. 수

용성 이트륨 화합물은 인체에 해로워서 폐질환의 원인이 되기도 한다.

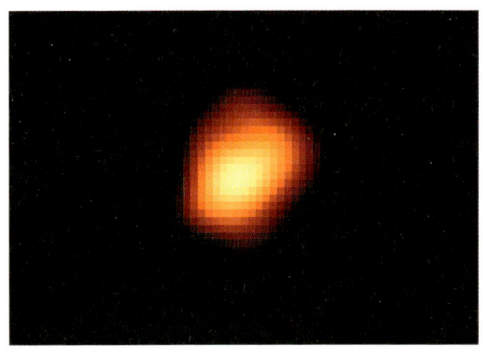

미라 - 태양계의 이트륨 대부분이 만들어진 적색 거성의 한 예.

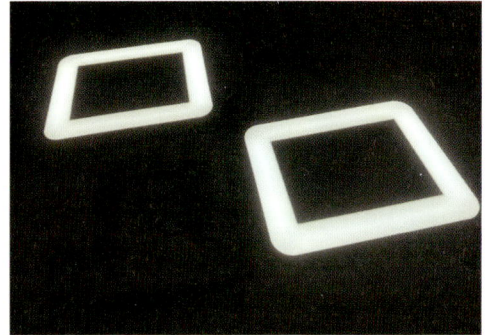

LED 전등 - 청색 led와 인광 물질이 합쳐져 백색광을 만든다.

산업용 레이저 레벨기 - 이트륨 알루미늄 가넷(YAG) 고체 레이저 소자는 출력이 강하고 효율이 좋아서 각종 산업용 레이저 기기에 사용한다.

비행기 엔진 - 마그네슘과 이트륨 합금은 가벼우면서 단단하고 열에 강해서 비행기 내열 부품에 사용한다.

 지르코늄 (Zirconium, Zr)   전이금속

원자 번호: 40
원자 질량: 91.224
상온에서: 고체, 은백색
녹는점: 1855℃ **끓는점**: 4409℃
발견: 1789년 클라프로트
이름: 아랍어 'Zargun(금색)'
`자연 화합물` `희소금속`
친한 원소: 산소, 수소, 탄소, 질소, 할로젠 원소 등

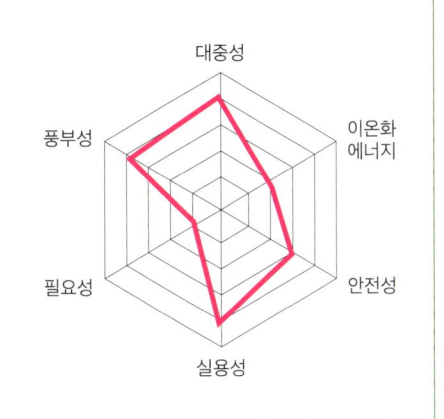

지르코늄은 은백색 금속으로 단단하고 가볍다. 지각에 비교적 흔하게 발견되는데 대부분 지르콘 광석에 많이 존재하며 분리하기가 어렵다. 지르콘 광석은 수백 년 전부터 알려져 준보석으로 사용한다. 공기 중에서 산화막을 만들어 부식에도 강하다. 매우 연하고 연성과 전성이 좋으며 산과 알칼리에 강해서 다양한 산업 용도로 적합하다.

지르코늄은 핵분열 시 방출되는 중성자를 잘 흡수하지 않기 때문에 원자로의 핵연료봉 주변을 감싸는 용도로도 사용한다.

산화지르코늄에 이트륨을 첨가하면 높은 굴절률을 가진 큐빅 지르코니아가 되는데 큐빅 지르코니아는 다이아몬드와 강도나 겉모습이 비슷하고 저렴해서 대체 보석으로 사용한다. 이산화지르코늄은 고강도 파인세라믹으로 열과 부식에 강해서 세라믹 나이프 등에 사용하고 강도가 높고 빛을 통과시키지 않아서 사포 같은 연마재나 세라믹을 불투명하게 만드는데 사용한다. 지르코늄 화합물은 치과 임플란트

나 크라운, 무릎 및 고관절 교체, 보철 장치 등에 사용한다.

NS 서배나에 실린 가압수형 원자로의 연료 - 지르코늄 합금으로 만든 피복재로 감싼 연료팰릿에 산화우라늄이 들어 있다. 지르코늄은 중성자를 잘 흡수하지 않기 때문에 원자로 핵연료봉 주변을 감싸는 용도로 사용한다.

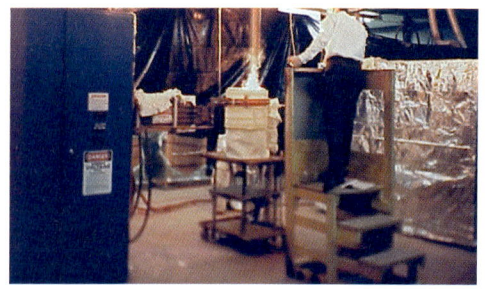

산화지르코늄과 산화이트륨을 녹여 큐빅 지르코니아를 만드는 모습.

목걸이 팬던트 - 큐빅 지르코니아는 다이아몬드와 굴절률이 비슷해서 모조 다이아몬드로 쓰인다.

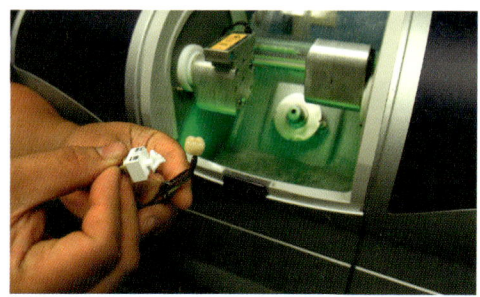

베니어판 지르코니아 크라운 - 지르코늄 화합물은 생체 적합성이 좋고 단단해서 치과 크라운, 브릿지, 임플란트 등에 사용한다.

사포 - 이산화지르코늄은 경도가 높아서 사포, 숫돌 등 연마재에 사용한다.

 나이오븀 (Niobium, Nb) 전이금속

원자 번호: 41
원자 질량: 92.906
상온에서: 고체, 회백색
녹는점: 2477℃ 끓는점: 4744℃
발견: 1801년 해치트
이름: 그리스 신화 니오베 'Niobe'
자연 화합물 | 희소금속
친한원소: 산소, 고온에서 대부분의 비금속 원소 등

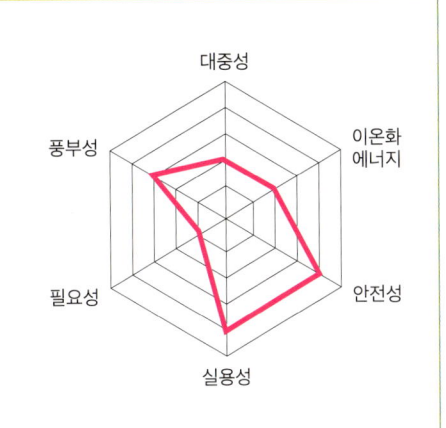

나이오븀은 광택이 있는 회백색 금속으로 부드럽고 잘 늘어나서 가공하기 좋다. 강한 산화피막물을 형성하여 부식에도 강하다. 지각에 존재하며 컬럼바이트나 황록석 광석에서 산출된다. 지구의 핵 속에는 더 많은 나이오븀이 있으리라 추정된다.

대부분의 나이오븀은 강철 제조에 사용한다. 나이오븀을 함유한 강철은 강하고 마모가 잘 되지 않으며 열과 부식에 강해서 건축 구조물과 화학 공업의 파이프라인이나 제트 엔진, 터빈, 자동차 차체, 화학 반응기, 단열재 등에 사용한다.

나이오븀-주석(Nb_3Sn)과 나이오븀-티타늄(NbTi) 합금은 초전도체로 병원에서 사용하는 MRI(자기공명영상) 기기와 핵자기 공명 분광기, 입자가속기의 핵심 부품인 초전도 자석을 만드는 데 사용된다.

나이오븀은 성질이 비슷한 탄탈럼에 비해 매장량이 풍부하고 값이 저렴하여 탄탈럼을 대체할 소재로 기대되고 있다.

아폴로 15호 - 노즐이 가볍지만, 열저항이 큰 나이오븀 티타늄 합금으로 만들어졌다.

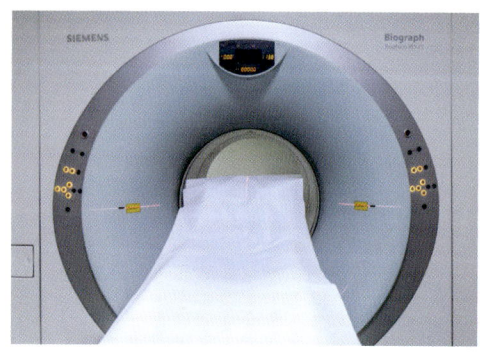

MRI(자기 공명 영상 - 나이오븀-티타늄 합금으로 전자석 코일을 만들었다. 나이오븀 티타늄 합금은 강력한 자기장을 발생시켜 초전도체 자석의 재료로 사용한다.

공장 파이프라인 - 나이오븀을 함유한 강철은 강하고 열과 부식에 강해서 화학 공업의 파이프라인이나 제트엔진, 터빈 등에 사용한다.

몰리브덴/몰리브데넘 (Molybdenum, Mo) 전이금속

원자 번호: 42
원자 질량: 95.95
상온에서: 고체. 은백색
녹는점: 2623℃ **끓는점**: 4639℃
발견: 1781년 헬름
이름: 그리스어 'molybdos(납)'
자연 화합물 · 희소금속
친한 원소: 황. 산소. 규소. 할로젠 원소 등

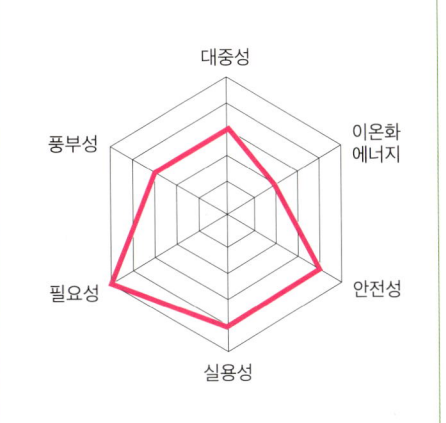

몰리브덴은 은백색의 단단한 금속으로 지각, 바다, 우주에 풍부한 원소로 주로 휘수연석에서 추출된다.

몰리브덴은 80% 가량이 고강도 합금 및 초합금을 포함한 강철 합금에 사용하는데 몰리브덴을 강철에 첨가하면 강도와 내열성이 높아져 자동차 부품, 탱크의 강판, 기계 부품 등에 활용한다.

또한 녹는점이 매우 높고 부식에 강해서 스테인리스강, 크롬-몰리브덴강 등 다양한 내열합금을 제조할 때 첨가제로 사용한다. 크롬-몰리브덴강은 강도가 높고 적당히 유연하고 용접이 쉬워서 공구, 고급 자전거 프레임, 항공기, 로켓 엔진 등에 이용한다.

몰리브덴, 티타늄, 지르코늄 합금인 몰리브덴 초합금(TZM)은 단단하고 고온고압에 강해서 어뢰 엔진, 로켓 노즐, 가스 파이프라인의 밸브 본체, 군사산업에 사용한다.

몰리브덴 화합물은 윤활유에 첨가되어 마찰을 줄이고 내마모성을 향상시켜 자

동차 엔진오일, 기계 윤활유 등에 사용되고 여러 화학반응의 촉매로 사용한다.

몰리브덴은 인체 필수 미량 원소로 여러 효소에 들어 있어 요산을 만든다. 식물의 생육에도 중요한 역할을 하는데 대부분의 질소 분해 효소에 몰리브덴이 함유되어 대기 중 질소를 고정한다.

몰리브데나이트 광물 - 이황화몰리브덴 광석.

크로몰리 자전거 프레임 - 크롬-몰리브덴 합금으로 만들어 단단하고 열과 부식에 강하다.

케네디 우주센터 로켓 노즐 - TZM 합금은 녹는점이 높고 고온고압에 안정적이라 로켓 노즐 생산에 사용한다.

자동차 엔진 - 몰리브덴 화합물이 들어간 엔진 코팅제는 엔진 마모 방지 능력이 탁월하다.

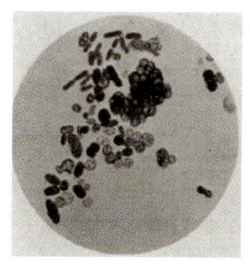

아조토박터 - 질소 고정 세균 중 하나로
질소 고정에는 몰리브덴 이온이 필요하다.

43 테크네튬(Technetium, Tc)

 전이금속

- **원자 번호**: 43
- **원자 질량**: 97
- **상온에서**: 고체. 은회색
- **녹는점**: 2157℃ **끓는점**: 4265℃
- **발견**: 1937년 세그레, 페리에
- **이름**: 그리스어 'technetos(인공)'
- 인공 방사성 원소
- **친한 원소**: 비금속원소, 할로젠 원소 등

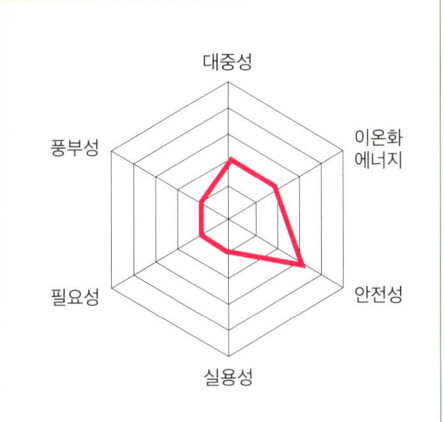

테크네튬은 은회색의 전이금속으로 세계 최초로 만들어진 인공 방사성 원소이다. 지각에는 우라늄이 자발적으로 핵분열하면서 만들어진 아주 적은 양이 존재하며 원자로의 폐연료봉에서 얻어낸다.

핵의학 영상진단에 주로 사용하는데 테크네튬 99m은 의료용 방사성 추적자로 사용한다. 테크네튬 99m이 방출하는 감마선을 감지하여 혈액의 흐름, 기관의 기능, 암세포의 위치 등을 진단할 수 있다. 매년 2000만 건 이상 진단이 이루어지고 있다.

테크네튬은 독성은 적으나 방사성 물질이므로 흡입하면 폐에 암을 유발할 수도 있으니 조심해야 한다.

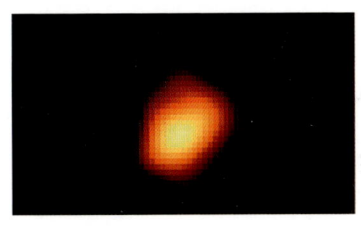

허블우주망원경이 찍은 미라 변광성 - 테크네튬 별로 불린다. 적색 거성에서 테크네튬을 발견하여 별 내에서 합성되고 있다는 사실이 증명되었다.

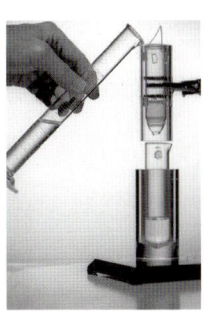

첫 번째 테크네튬 99m 발전기.

44 루테늄(Ruthenium, Ru)

전이금속

원자 번호: 44
원자 질량: 101.07
상온에서: 고체. 은백색
녹는점: 2334℃ **끓는점**: 4150℃
발견: 1844년 클라우스
이름: 라틴어 'Ruthenia(러시아)'

자연화합물 희소금속

친한 원소: 고온에서 산소. 할로젠 원소.

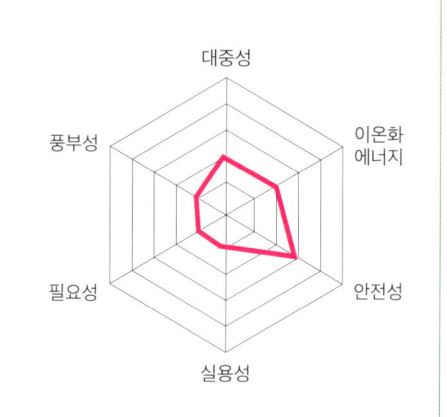

루테늄은 광택이 나는 은백색 금속으로 백금족 금속 중 하나이다. 백금 광석과 황철 니켈석에서 미량 발견된다. 열과 부식에 강해서 보석으로도 사용하고 약물 및 첨단 물질 제조의 촉매로 사용한다.

루테늄은 자성이 있고 녹는점이 높아서 하드 디스크의 자성층에 얇은 루테늄 층을 넣어서 기록 용량을 늘릴 수 있어 생산량의 절반 가량이 전자 산업에 사용한다. 반응성이 적어서 두꺼운 필름 칩 저항기와 전자회로 보드의 작은 칩에도 사용한다. 또 루테늄과 오스뮴의 합금은 마찰에 강하여 고급 만년필의 펜촉으로 사용한다. 백금류와의 합금은 강도가 높아져 전기 접점 재료나 자동차 엔진 점화 장치로 사용한다.

루테늄 염료는 빛에 민감하고 값이 저렴해서 염료에 민감한 실험용 얇은 태양전지에 사용한다. 루테늄 화합물은 여러 화학 산업의 촉매로 사용되며 노출 시 피부가 심하게 손상되는 강한 독성을 가진 물질로 암을 유발할 수 있어 조심해야 한다.

스위치 - 루테늄은 백금과 합금하여 전기회로에서 전류 흐름을 제어하는 전기 접점 재료로 사용한다.

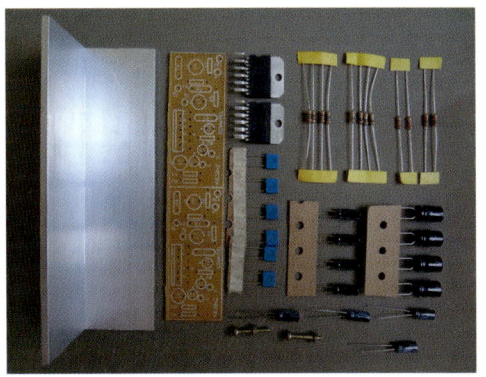

저항기 - 이산화루테늄은 두꺼운 필름 칩 저항기에 사용한다.

염료 감응 태양전지의 선택 - 빛을 흡수하는 염료를 이용하여 전기를 만드는 태양전지로 루테늄 화합물을 사용한다.

트리스 루테늄 클로라이드.

45 로듐(Rhodium, Rh)

전이금속

원자 번호: 45
원자 질량: 102.91
상온에서: 고체. 은백색
녹는점: 1964℃ **끓는점**: 3695℃
발견: 1803년 울러스턴
이름: 그리스어 'rhodon(장미)'
`자연 홑원소` `희소금속`
친한 원소: 고온에서 산소. 할로젠 원소 등

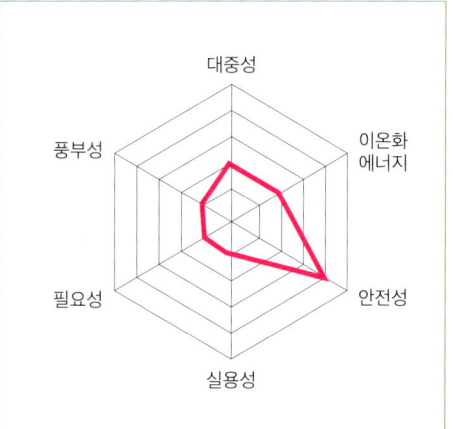

로듐은 은백색을 띤 금속 원소로 지구 지각에서 매우 희귀한 원소 중 하나이다. 금보다 비싸며 백금석에서 분리된 잔류물이나 니켈 분리 시 부산물로 얻는다.

로듐은 배기가스 중의 질소산화물을 환원시켜서 무해한 질소로 바꾸는 능력이 뛰어나 로듐의 대부분은 자동차의 배기가스 공기정화 장치인 촉매 변환기로 사용하고 백금이나 팔라듐보다 전기 저항이 낮아 전기를 잘 통과시키고 산화막을 잘 형성하지 않기 때문에 전기 접점 재료로도 사용한다.

로듐은 녹는점이 높고 산에 강하며 단단하기 때문에 카메라나 광학 기기, 장식품 등 표면 도금에 사용한다. 그중 은 소재 장식품의 변색을 방지하고 광택이 나게 하기 위해 '로듐 플래시'라는 전기 도금에 사용한다. 로듐과 백금을 합금한 열전대는 정밀도가 높고 일정하며 성능과 품질이 떨어지는 현상인 열화가 적다.

저항이 낮아 전기가 잘 통하는 로듐 전기 접점은 배선용 차단기 등에 사용한다.

은귀걸이 - 변색을 방지하고 광택이 나도록 로듐으로 도금한다.

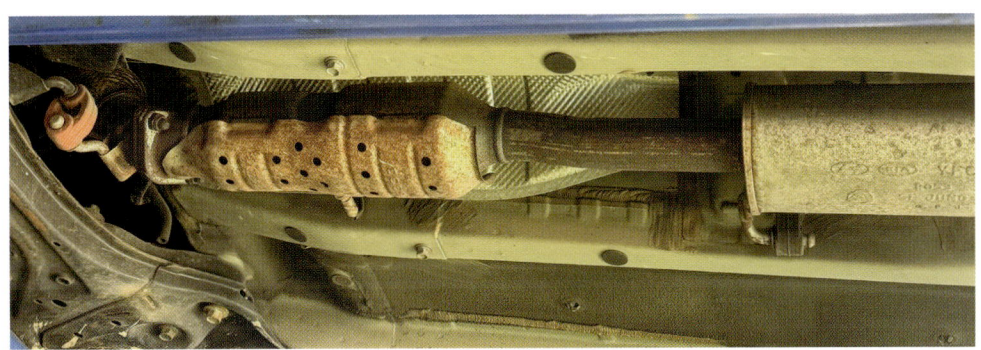
자동차 배기가스 정화용 촉매 - 촉매로 로듐을 사용하여 오염된 배기가스를 해가 없는 질소로 정화한다.

46 팔라듐(Palladium, Pd)

전이금속

- **원자 번호**: 46
- **원자 질량**: 106.42
- **상온에서**: 고체. 은백색
- **녹는점**: 1555℃ **끓는점**: 2963℃
- **발견**: 1803년 울러스턴
- **이름**: 소행성 팔라스 'Pallas'
- 자연홑원소 희소금속
- **친한 원소**: 고온에서 염소, 산소. 플루오린 등

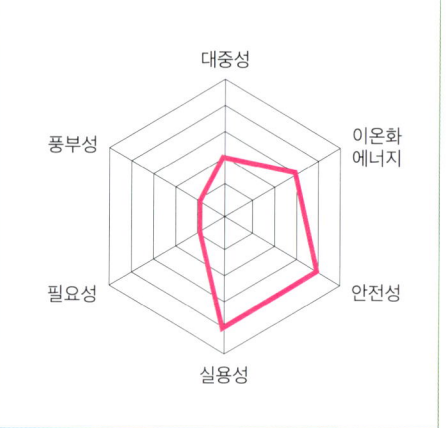

팔라듐은 광택이 있는 은백색 금속으로 부드럽고 잘 늘어난다. 백금족 원소 중 녹는점과 밀도가 가장 낮다. 지각에 매장량이 적고 아연과 구리, 니켈의 정련 과정에서 부산물로 얻는다.

팔라듐은 생산량의 반 정도를 자동차 배기가스 촉매 변환기에 산화 촉매로 사용하고 수소 흡수 능력이 뛰어나 수소 정제에 사용하며 저장된 수소를 분리하는 탈수소 과정의 촉매와 탄소-탄소 결합과 질산 생산, 석유 분해 등 유기화학 및 산업 응용 분야에 촉매로 사용한다.

팔라듐 생산량의 10% 이상은 휴대전화나 컴퓨터에 들어가는 축전지의 전극으로 이용한다. 팔라듐과 은 합금은 치과 치료에, 팔라듐과 금 합금은 치과 보철, 장신구 등에 사용한다.

소련 25루블 기념 팔라듐 주화 -화폐로 사용된 팔라듐 동전

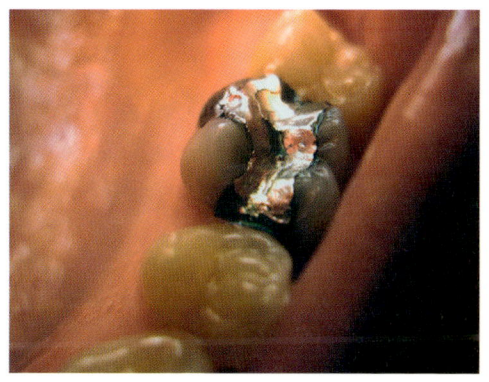

치과용 아말감 - 팔라듐은 은과 합금하여 은 변색을 방지하고 강도를 높여 치과 치료에 쓰이는 은 아말감으로 사용한다.

화이트 골드 반지 - 금과 팔라듐의 합금인 '화이트 골드'는 단단하고 부식이 안 돼 반지나 보석으로 사용한다.

축전지 - 청소기 마이크로 칩 주변에 팔라듐을 전극으로 이용한 축전지가 여러 개 있다.

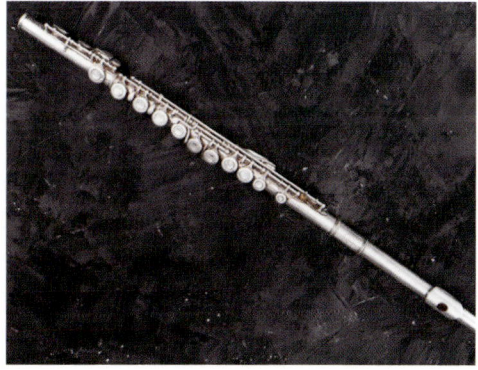

플루트 - 팔라듐은 일부 전문가용 플루트를 만드는 데 사용한다.

47 은 (Silver, Ag) 전이금속

원자 번호: 47
원자 질량: 107.87
상온에서: 고체. 은백색
녹는점: 962℃ 끓는점: 2162℃
발견: 선사시대
이름: 앵글로색슨어 'siolfur(은)'
원소기호 : Ag 라틴어 'argentum(은)'
`자연 홑원소` `희소금속`
친한 원소: 황. 할로젠 원소 등

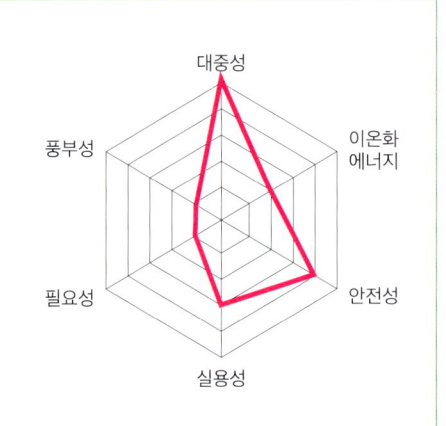

　은은 은백색 금속으로 모든 금속 중 전기 전도도가 가장 높다. 은광산이나 구리, 금, 납을 제련하는 과정에서 부산물로 얻을 수 있다.

　약 5000년 전 메소포타미아 유적에서 은장식품이 발견되었고 터키 및 그리스에서는 기원전 3000년경부터 은광석을 채굴했을 정도로 고대부터 은은 귀중한 장신구나 화폐로 사용되어 왔다. 황 성분과 쉽게 반응하여 검게 변색되기 때문에 은의 변색으로 황화비소 같은 독극물을 검출하려고 고대부터 은식기를 많이 사용했다.

　은은 전기와 열 전도성이 뛰어나 전자제어기판의 회로로 이용하고 전화기 키보드나 컴퓨터 키보드의 스위치, 옷, 책의 도난 방지와 통행료 징수, 비접촉식 결제를 위한 무선주파수인식 태그(RFID)의 안테나 등으로 사용한다. 은은 광택이 좋고 연성과 전성이 좋아 가공이 쉬워서 장식용 보석, 장신구, 은도금 등에 사용한다. 또한 항균 및 살균 효과가 있어 의료 기기, 욕조물 살균, 항균 스프레이, 정수기 필터와 피부접착용 치료제나 피부에 바르는 약품 등에도 사용된다.

은화합물은 빛을 받으면 분해되어 은을 유리하는 성질을 가져서 사진 필름의 감광재료로 사용된다. 초기 극장에서는 스크린에 은금속을 입혀서 은막이라고 불렀다.

스털링 실버 펀치볼 - 스털링 실버는 92.5% 은과 7.5% 기타 금속의 합금으로 은보다 훨씬 단단하다.

카드에 있는 태그 안테나 - 비접촉식 결제를 위한 RFID 태그의 안테나에도 은을 사용한다.

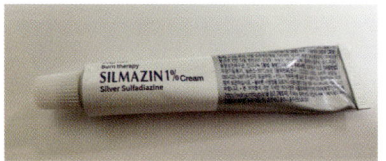

신라시대 은팔찌 - 광택이 좋고 가공하기 쉬워 은으로 장신구를 많이 만들었다.

은은 금속 중 가시광선 반사율이 가장 높아서 거울을 만드는데 사용한다.

화상 치료제 - 항균 및 살균 효과가 있는 은이 들어 있어서 외부 감염을 치료한다.

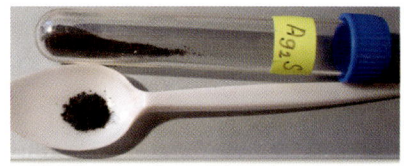

은 황화물 - 은은 공기 중 황과 만나 검게 변색되기 때문에 전자기기에는 잘 사용하지 않는다.

염화은 전극 - 전기화학 측정에 사용되는 기준 전극이다.

48 카드뮴 (Cadmium, Cd)

전이후금속

원자 번호: 48
원자 질량: 112.41
상온에서: 고체. 은백색
녹는점: 321℃ **끓는점**: 767℃
발견: 1817년 슈트로마이어
이름: 그리스어 'kadmeia(칼라민)'
자연 화합물 희소금속
친한 원소: 산소. 황. 셀레늄. 텔루륨. 할로겐 원소 등

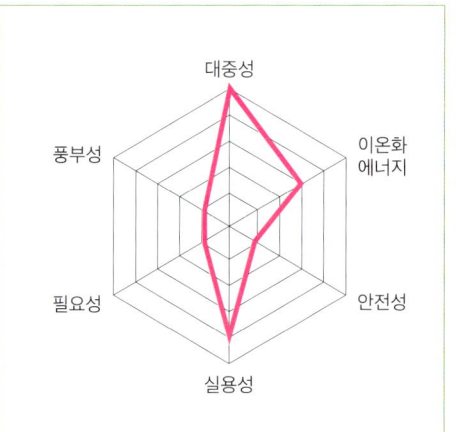

카드뮴은 은백색 금속으로 자연에 존재하는 중금속 원소이다. 지각에 소량 존재하며 아연 광석에 미량으로 있어서 아연 정련 과정에서 부산물로 얻는다.

카드뮴은 부드럽고 가공하기 쉬워서 다양하게 사용할 수 있다. 녹는점이 낮아서 땜납 재료로 사용하고 녹 방지 효과가 커서 철과 강철에 녹 방지를 위해 도금한다.

카드뮴 화합물은 빨강, 주황, 노랑 등 다양한 색상을 나타내어 1840년부터 예술가들은 카드뮴 염료를 사용하여 그림을 그렸다. 황화카드뮴은 노란색 안료로 '카드뮴 옐로'라 불리는데 황, 셀레늄 등을 첨가하면 갈색, 주황색 등으로 변한다.

니켈-카드뮴 충전지는 수명이 길어 수천 번 충전이 가능해서 전기 자동차나 전동 공구에 쓰였다.

카드뮴은 독성이 있는데 인체 필수 원소인 아연과 화학적 성질이 비슷해서 체내에 흡수되면 아연의 역할을 막아서 신장 장애가 발생할 수 있다. 또한 카드뮴의 강한 독성으로 환경 오염 문제가 대두되어 사용이 제한되었다.

카드뮴 금속

카드뮴 산화물 - 전기 도금 수조, 광전자 장치 및 안료의 성분으로 사용한다.

건전지 - 카드뮴은 주로 충전식 니켈 카드뮴 전지에 사용되었으나 독성이 있어서 리튬이온 전지로 대체되었다.

태양전지 전등 - 카드뮴 텔루라이드 태양광 필름은 기존 태양전지보다 저렴하고 유연하며 가벼워서 소형 시스템에 유리하다.

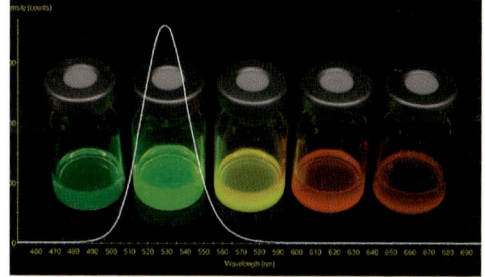

카드뮴 셀레늄 양자점. - 크기에 따라 다양한 색상으로 형광을 발하는 금속 나노입자로 QLED TV에 사용한다.

검류계 메커니즘(중앙)과 CdS 포토레지스터를 기반으로 하는 8mm 영화 카메라의 자동 조도계/노출 장치(왼쪽의 개방) - 황화카드뮴 광저항기를 사용하는데 황화카드뮴은 빛의 양에 따라 저항이 달라지는 반도체로 광전관 및 광전소자에도 사용한다.

49 인듐(Indium, In)

전이후금속

원자 번호: 49
원자 질량: 114.82
상온에서: 고체. 은백색
녹는점: 157℃ **끓는점**: 2072℃
발견: 1863년 라이히, 리히터
이름: 라틴어 'indicum(인디고 색)'
`자연 화합물` `희소금속`
친한 원소: 산소. 할로젠 원소 등

인듐은 은백색 금속으로 칼로 자를 정도로 부드러우며 가공성이 좋다. 지각에 은, 수은과 비슷한 정도로 존재하며 섬아연석, 방연석 같은 아연광석에서 아연 추출 과정의 부산물로 얻을 수 있어 적은 양만 산출된다.

인듐은 부드러워 금속 제품의 부품 틈새를 메우는 진공기기 밀폐재로 이용하거나 반도체 분야에서 트랜지스터 등에 사용하고 저융점 금속 합금으로 소방 스프링클러 시스템 및 열 조절기에 사용하며 질화갈륨과 함께 LED에 사용한다.

또한 투명하면서 전기가 잘 통해서 텔레비전과 컴퓨터의 액정 디스플레이(LCD)와 태양전지나 저항막 방식의 터치패널 전극에도 사용한다. 방사선 동위원소 인듐 111은 핵의학 진단에 이용한다.

양극성 접합 트랜지스터 - 인듐은 게르마늄과 함께 양극성 접합 트랜지스터에 사용한다.

전자발광 액정 디스플레이 - 인듐 주석 산화물 박막은 전도성 투명 전극으로 사용한다.

 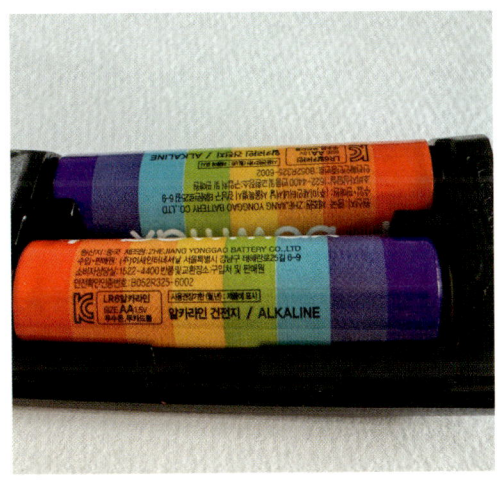

스프링클러 - 인듐 합금은 낮은 온도에서 녹기 때문에 화재열로 부품이 녹아서 물이 방출되는 방식으로 작용하는 화재 스프링클러의 부품으로 사용한다.

알칼라인 배터리 - 인듐은 아연이 부식되어 수소 가스가 방출하는 걸 방지하기 위해 수은 대신 사용하는 대체품 중 하나이다.

50 주석 (Tin, Sn) 전이후금속

원자 번호: 50
원자 질량: 118.71
상온에서: 고체. 은색
녹는점: 232℃ 끓는점: 2602℃
발견: 고대
이름: 앵글로색슨어 'tin' 원소기호: 라틴어 'stannum(주석)'
자연 화합물 **희소금속**
친한 원소: 산소., 탄소, 할로젠 원소 등

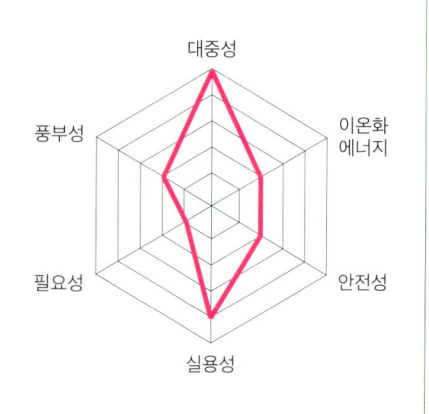

주석은 부드러운 은색 금속으로 녹는점이 낮고 쉽게 산화되지 않고 산과 염기에 모두 녹는다. 별에서 핵합성을 통해서 만들어져 지각에 존재하며 카시테라이트 같은 광석에서 추출한다.

인류가 아주 오래전부터 사용해온 금속 중 하나로 적어도 5000년 전부터 구리와 합금한 청동으로 사용되었다. 청동은 주석보다 단단하고 구리보다 더 낮은 온도에서 녹아 가공하기 쉬워서 농기구나 무기, 장신구 등에 사용되었다. 그리고 지금도 기계의 부품 재료, 밸브, 베어링, 동전이나 미술품 등에 사용하고 있다.

또한 주석은 녹이 슬지 않아서 철과 도금한 양철을 만들어 통조림이나 장난감에 사용하며 주석과 납의 합금인 땜납은 금속끼리 접합하거나 전자회로 부품을 고정하거나 납 파이프, 여러 가지 종, 파이프 오르간 등에 사용한다.

주석은 낮은 온도에서 회색 주석으로 변하며 구조가 변해 강도가 낮아져서 쉽게 부서진다. 한파로 주석 제품들이 부서지는 현상을 주석 병이라고 한다.

주석의 주요 광석인 카시테라이트.

주석덩이 (국립중앙박물관)

깡통 통조림 - 철에 주석을 도금한 양철은 녹슬지 않아 통조림 깡통에 사용한다.

주석 잔 - 주석은 녹이 슬지 않고 가공하기 쉬워서 그릇이나 컵 등을 만들어 사용했다.

짐승얼굴무늬 청동 화로 - 구리와 주석을 섞은 청동으로 만들었다.

파이프 오르간 - 대부분 금속 파이프는 주석과 납의 합금이다.

무연 코일 땜납 철사 - 일반적으로 무연 땜납은 주석 99%, 구리 0.7%, 은 0.3%로 되어 있다.

51 안티몬/안티모니(Antimony, Sb) 준금속

- 원자 번호: 51
- 원자 질량: 121.76
- 상온에서: 고체. 은백색
- 녹는점: 631℃ 끓는점: 1587℃
- 발견: 16세기 비링구초
- 이름: 그리스어 'anti(반대)-monos(고독)'
- 원소기호: 라틴어 'stibium(휘안석)'
- 자연 화합물 희소금속
- 친한 원소: 산소. 황. 수소. 할로젠 원소 등

안티몬은 은백색 광택이 있는 금속으로 여러 동소체가 있는데 검은색 안티몬과 노란색 안티몬이 있다. 주로 휘안석에서 산출되고 은, 비소, 납, 구리 등 광석에도 존재하며 구리 제련할 때 부산물로 얻는다.

고대 이집트에서는 휘안석 가루를 눈썹 먹, 아이섀도우, 마스카라 등으로 사용했고 중세시대에는 연금술사들이 실험에 사용하거나 해독제나 변비약의 재료로 사용했다. 하지만 인체에 암을 일으킬 수 있는 물질이라 현재는 화장품 등 인체에 접촉하는 용도로는 사용하지 않는다.

안티몬은 반도체에 가까운 성질을 지녀서 반도체 재료에 첨가하거나 납과 합금하면 더 강해져서 총알이나 금속활자, 땜납 합금의 재료, 자동차의 납축전지의 전극으로 사용한다. 페트를 만들 때 촉매제로도 사용하고 섬유와 플라스틱 등이

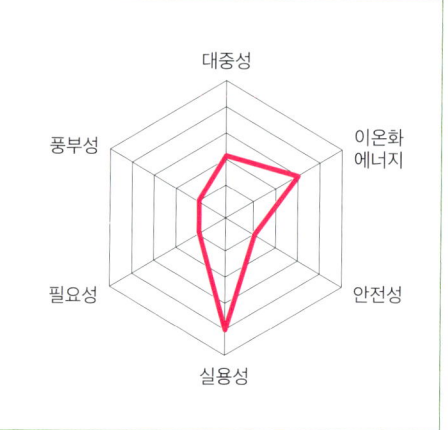

안티몬 불꽃반응 - 옅은 녹색을 띤다.

잘 타지 않도록 난연제로 첨가한다.

스티브나이트(휘안석) - 안티몬의 가장 중요한 공급원인 광물이다.

황화안티몬 가루와 이집트 벽화 - 고대 이집트에서 눈 화장품으로 사용했다.

납축전지- 안티몬은 납축전지의 전극으로 사용한다.

삼산화안티몬은 불에 타는 것을 지연시키므로 합성수지, 고무, 섬유 등에 첨가하여 난연제로 사용한다.

52 텔루륨 (Tellurium, Te)

준금속

원자 번호: 52
원자 질량: 127.60
상온에서: 고체, 은색
녹는점: 450℃ 끓는점: 988℃
발견: 1782년 뮐러
이름: 라틴어 'tellus(지구)'

자연 홑원소 | 희소금속

친한 원소: 대부분의 원소

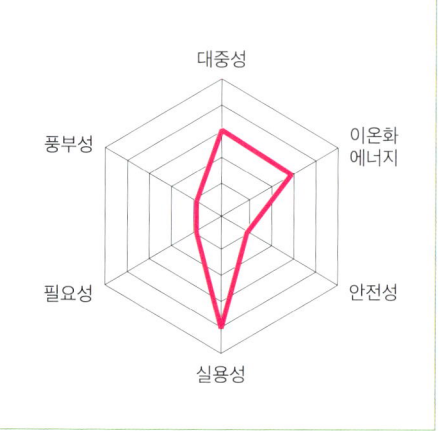

텔루륨은 광택을 가진 은색 준금속으로 부서지기 쉽고 공기 중에서 쉽게 산화하며 물에는 녹지 않는다. 지각에 금과 비슷한 양으로 존재해서 희귀하지만 우주에서는 흔한 원소로 구리 생산의 부산물로 얻을 수 있다. 태양계 생성 초기에 생성되었으나 높은 온도에서 휘발성인 텔루륨 수화물이 대부분 우주로 증발한 것으로 추측한다.

텔루륨은 구리나 납, 스테인리스강과 합금하면 더 강해지고 가공이 쉬워지며 강도도 세진다. 가공성 향상을 위해 강철에도 첨가한다. 텔루륨화카드뮴을 사용한 태양전지는 값이 저렴하고 에너지를 효과적으로 흡수한다.

텔루륨에 비스무트와 셀레늄을 섞어 만든 펠티에 소자는 CPU 냉각이나 미니 냉장고, 와인 셀러의 냉매 재료로도 사용한다. 또한 고무를 더 단단하게 만들고 도자기, 에나멜, 유리에 붉은색이나 노란색을 입히는 착색제로 사용하고 적외선 검출기 재료로도 사용한다.

텔루륨은 빛을 비추면 전기 전도도가 달라져서 복사기 핵심부분인 감광 드럼에 이용한다.

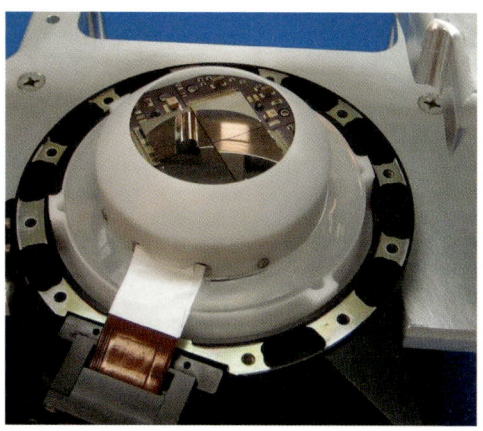

나사 X-선 망원경 NuSTAR의 (Cd,Zn)Te 검출기- (Cd,Zn)Te는 X-선 검출에 효율적이다.

DVD RW - 텔루륨은 레이저를 쏘면 순간적으로 비결정 상태로 변했다가 돌아오는 성질이 있어서 재기록이 가능한 DVD나 광디스크의 기록층에 사용한다.

텔루륨은 적외선에 민감한 반도체 물질로 적외선으로 작동하는 리모컨에 사용한다.

태양전지 - 텔루륨 생산량의 40% 정도를 박막 태양전지 만드는 데 사용한다.

 요오드/아이오딘(Iodine, I) 할로젠

원자 번호: 53
원자 질량: 126.90
상온에서: 고체. 검보라색
녹는점: 114℃ 끓는점: 184℃
발견: 1811년 쿠르투아
이름: 그리스어 'iodes(보라색)'
자연 홑원소
친한 원소: 비활성 기체를 제외한 거의 모든 원소.

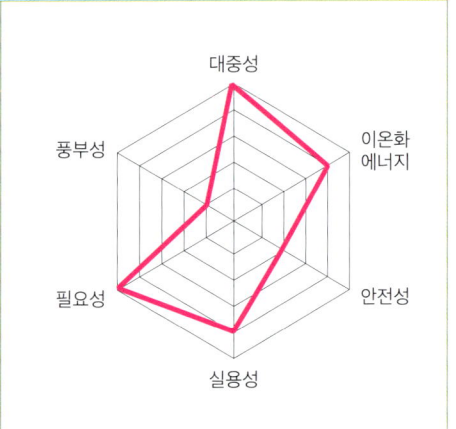

요오드는 검보라색 고체로 가열하면 보라색 기체로 승화하며 독성이 강하다. 할로젠 원소 중 가장 적게 존재하고 요오드 이온을 함유한 광물은 여러 가지가 있으며 칠레의 칼리치와 염수 등에서 얻는다.

요오드는 살균 및 항바이러스 효능을 가져서 의약품으로 소독제, 갑상선 기능 장애 치료제 등에 사용한다. 요오드-요오드화칼륨 수용액은 녹말과 만나면 청남색으로 변해서 녹말 검출에 사용하고 요오드화은은 사진 필름의 감광제로 사용되며 인공 강우를 위한 구름 씨로도 사용한다. 할로젠 램프는 텅스텐 필라멘트를 사용하는 전구에 요오드를 주입하여 만든다.

요오드는 인체에 필수 원소로 갑상선 호르몬의 중요한 성분이다. 신진대사나 신체 발육을 촉진하는데 요오드가 부족하면 갑상선 호르몬 결핍으로 갑상선 기능이 저하되고 갑상선종이 생긴다. 하지만 체르노빌 원전 사고에서는 방사성 동위원소 요오드 131이 방출되어 인근 주민들에게 갑상선암이 다수 발생했다.

요오드팅크 - 요오드는 살균, 항균 작용을 해서 소독에 이용한다.

요오드화 칼륨 - 갑상선종 치료에 효과적이다.

지상 기반 요오드화 은 발생기 - 인공 강우를 위해 구름에 파종하는 요오드화은을 발생시킨다.

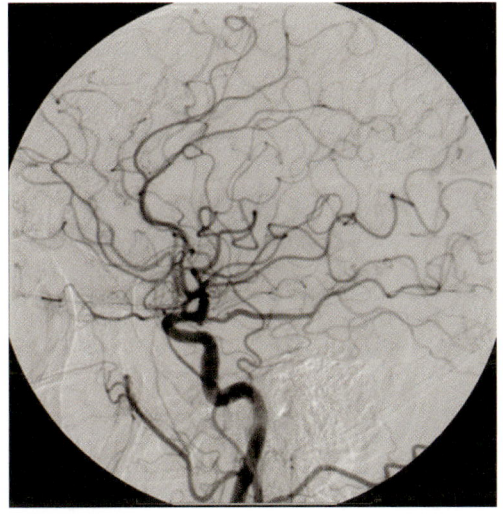
뇌혈관 조영술에서 요오드 기반 조영제의 예- 요오드는 X-선을 효과적으로 흡수하여 조영제로 사용한다.

녹말 반응 - 종이에 떨어진 요오드 용액이 녹말과 만나 색이 변했다.

54 제논(Xenon, Xe)

비활성기체

원자 번호: 54
원자 질량: 131.29
상온에서: 기체. 무색
녹는점: -112℃ **끓는점:** -108℃
발견: 1898년 램지, 트래버스
이름: 그리스어 'xenos(이방인/낯설다)'
자연 홑원소
친한 원소: 플루오린. 산소. 염소 등

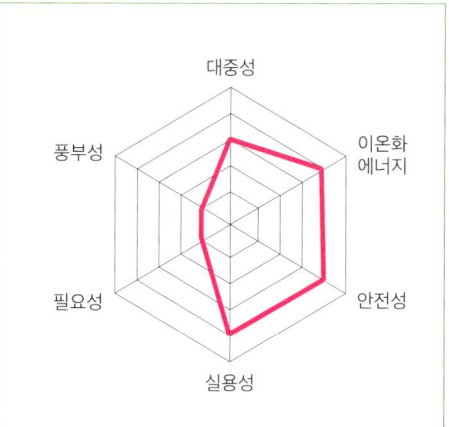

    제논은 화학적으로 매우 안정한 원소로 색깔과 냄새가 없고 18족에서 가장 무겁다. 대기에서 미량으로 발견되며 온천 가스에서도 발견된다. 비활성 기체 중 최초로 화합물을 만든 원소로 비활성 기체도 화합물을 형성할 수 있음을 보여주었다.

    제논은 방전하면 특유의 푸른색 형광빛을 환하게 내뿜어 슬라이드 투영기, 내시경, 자동차 전조등, 섬광등, 제논 램프 등에 사용한다. 제논 램프는 필라멘트를 사용하지 않아서 백열전구등보다 수명이 길다. IMAX 영사기도 제논 램프를 광원으로 사용하는데 강력한 빛을 필름에 비추어 스크린에 이미지가 나타난다.

    제논은 반응성이 낮아 인체에 부작용이 적어서 전신 마취제로도 사용한다. 제논은 자기공명영상장치(MRI)의 조영제뿐만 아니라 우주선의 이온 엔진에도 사용하는데 로켓 엔진의 10배 이상 효율이 높다. 1998년에 발사한 NASA의 딥 스페이스 1호는 이온 추진 장치를 사용한 최초의 우주선이다.

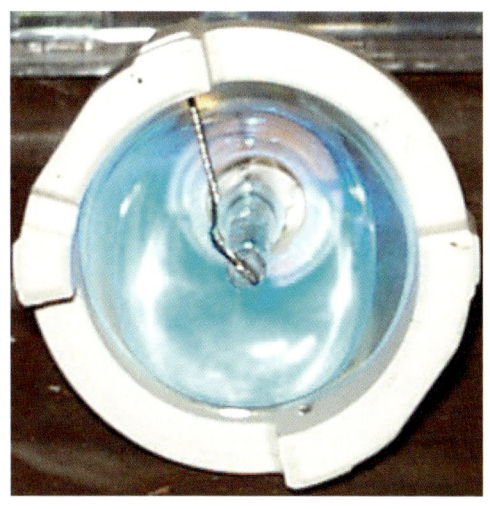

오스람 100W 수은 제논 아크램프 반사경 - 이 램프는 UV 접착제 경화시스템에 사용한다.

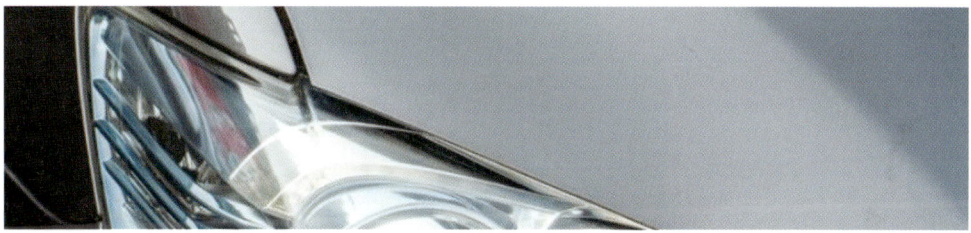

자동차 전조등 - 제논은 방전하면 특유의 푸른색 형광빛을 뿜는다.

제논 섬광 튜브는 스마트폰과 카메라 플래시에 사용된다.

제논 이온 엔진 - NASA에서 테스트 중인 제논이온엔진의 프로토타입. 제논 이온 추진 시스템은 제논 원자를 이온화하여 가속한 후 배출하여 추진력을 얻는다.

55 세슘 (Cesium, Cs)

알칼리금속

원자 번호: 55
원자 질량: 132.91
상온에서: 고체. 은백색
녹는점: 29℃ 끓는점: 671℃
발견: 1860년 분젠, 키르히호프
이름: 라틴어 'caesius(하늘색)'

자연 화합물 **희소금속**

친한 원소: 비금속 원소. 할로젠 원소 등

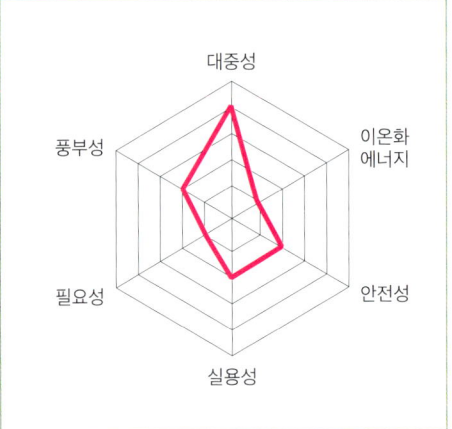

　세슘은 부드러운 은백색의 금속으로, 매우 반응성이 높아 공기 중에서 자연 발화하고 물에 조금이라도 닿으면 폭발하여 비활성 기체 속에서 취급한다. 상대적으로 희귀한 원소로 폴루사이트에서 얻는다. 분광기로 발견된 첫 번째 원소로, 30여 종의 동위원소가 있는데 유일하게 안정된 동위원소는 세슘 133으로 원자시계에 이용한다. 세슘 원자는 특정 진동수의 마이크로파에 의해 들뜨면 정확하게 똑같은 진동수의 복사선을 방출하여 정확한 시간을 측정할 수 있는데 1초의 길이를 정의할 때 이 세슘 원자시계를 이용한다.

　세슘화합물은 석유나 천연 가스 시추액이나 광전지와 빛 검출기, 광학 유리 제작에 사용한다.

　방사성 동위원소 세슘 137과 세슘 134는 후쿠시마 제1원전 사고 이후 누출된 것과 동일한 핵분열 생성물로 세슘137은 반감기가 약 30년으로 길지만 축적되지 않고 생물학적 반감기는 약 70일로 비교적 빠르게 배출된다. 하지만 체내에 들어오면 내부에서 피폭이 일어나 위험하다.

미국 해군 천문대의 원자시계 앙상블 - 세슘 133을 원자 시계에 사용한다.

석유 시추 - 세슘 화합물은 석유나 천연가스 시추액에 첨가되어 윤활제 역할을 하고 원유나 가스 분출을 막는다.

염화세슘 분말 -염화세슘 용액은 DNA 분리를 위한 부력 밀도 원심 분리에 사용한다.

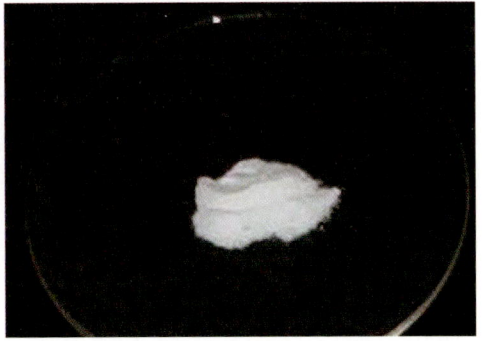
불화세슘 - 불소 음이온의 공급원으로 유기 화합물 합성에 사용한다.

56 바륨(Barium, Ba)

알칼리토금속

원자 번호: 56
원자 질량: 137.33
상온에서: 고체. 은회색
녹는점: 727℃ 끓는점: 1845℃
발견: 1808년 데이비
이름: 그리스어 'barys(무겁다)'
자연 화합물 희소금속
친한 원소: 비금속 원소. 할로젠원소

바륨은 은회색 금속으로 산화하기 쉬워 공기 중에서 하얗게 변하고 물이나 알코올과도 쉽게 반응하기 때문에 석유 속에 넣어서 보관한다.

바륨은 지각과 해수에 존재하는데 주로 중정석(황산바륨)과 독중석(탄산바륨)에서 추출한다.

중정석에 빛을 비춘 후 어둡게 하면 어둠 속에서도 빛을 낸다. 바륨 금속은 기체를 잘 흡수해서 진공관에 남은 기체를 제거하는 데 사용한다.

또한 석유나 가스 유정에서 드릴 주변에 흐르는 냉각액의 밀도를 높이는 첨가제로 사용하거나 흰색이나 노란색 안료, 인쇄 잉크, 도료 등에 사용한다.

바륨 금속과 수용성 바륨화합물은 독성이 있어 폐와 신경계 등에 안 좋은 영향을 주니 조심해야 한다.

아르곤 가스의 보호 하에 순수한 바륨 - 바륨은 공기 중에 쉽게 산화한다.

석유 굴착선 - 바륨은 석유나 가스 유정에서 드릴 주변에 흐르는 냉각액의 밀도를 높이는 첨가제로 사용하여 석유 등의 분출을 막는다.

중정석 - 황산바륨 광석

바륨 광물 - 바륨 티타늄 광물인 베니토이트가 자외선 아래에서 파랗게 빛난다.

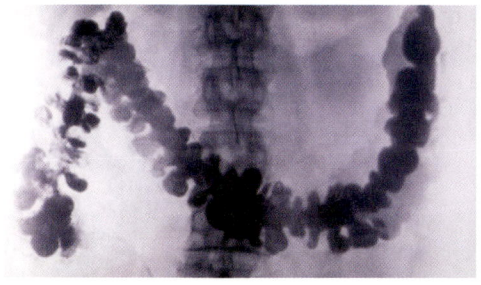
바륨 조영제, 바륨으로 채워진 결장의 방사선 사진에서 볼 수 있는 아메바증 - 황산바륨은 X-선을 투과시키지 않고 인체에 흡수되지 않아서 소화기계 검사에서 조영제로 이용한다.

불꽃놀이 - 바륨은 불꽃놀이에서 녹색 불꽃이 나타난다.

57 란탄/란타넘 (Lanthanum, La)

란탄족

원자 번호: 57
원자 질량: 138.91
상온에서: 고체. 은백색
녹는점: 918℃ **끓는점**: 3464℃
발견/이름: 1839년에 모산더
이름: 그리스어 'lantanein(숨겨지다)'

자연 화합물 | 희소금속

친한 원소: 비금속 원소. 할로젠 원소.

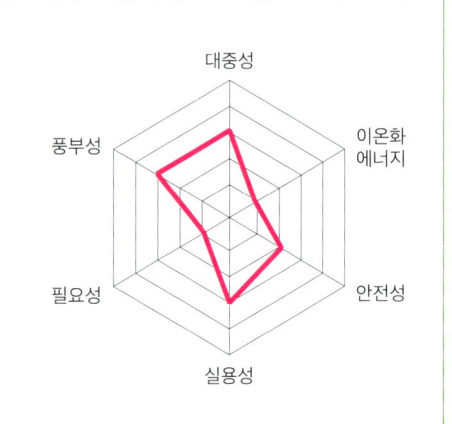

란탄은 부드러운 은백색 금속으로 첫 번째 란탄족 원소이다. 란탄족은 57번 원소부터 71번 원소까지의 원소들로 란탄과 화학적 성질이 매우 비슷한 원소들의 그룹이다.

공기 중에서 쉽게 산화하며 반응성이 높다.

지각에 28번째로 풍부한 원소로, 모나자이트나 바스트네사이트 등 광석에 존재하지만 채굴이 어렵고 시간과 비용이 많이 들기 때문에 희소금속이다.

란탄은 수소를 흡수하고 방출하는 성질을 가져서 수소저장합금에 사용하는데 이 수소저장합금은 수소 자동차, 연료 전지에 사용하고 재충전이 가능한 수소-니켈 전지에 사용한다. 탄소아크 조명의 전극에도 사용되었고 쉽게 전자를 방출해서 주사전자현미경의 음극에도 사용한다. 라이터의 불꽃을 내는 부분에 발화합금으로 사용되고 형광등에도 란탄이 사용되어 노란빛을 줄인다.

전기자동차 - 전지 저장 장치에 란탄을 사용하여 안정성이 높고 고출력을 낸다.

카메라 렌즈 - 렌즈에 굴절률이 높은 산화란탄을 첨가하면 시야가 선명해진다.

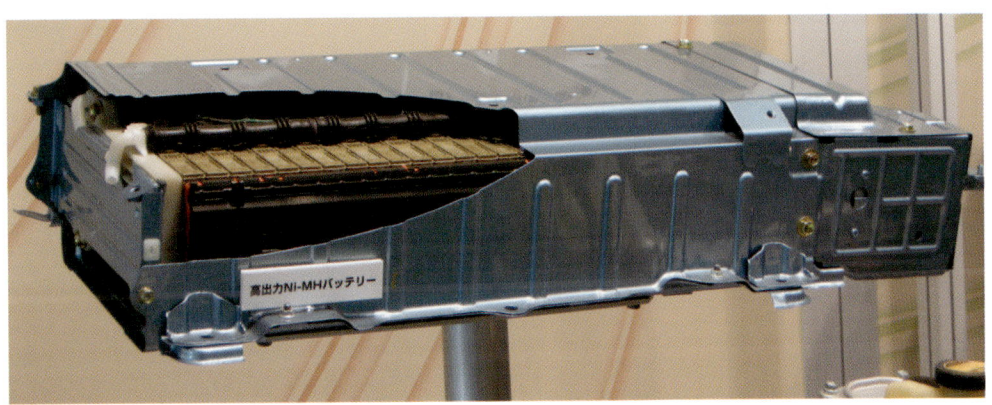
고출력 니켈 금속 수소화물 배터리 - 니켈에 란탄을 첨가한 수소화물이 양극으로 사용된다.

가스버너 점화기 - 가스버너와 라이터의 불꽃을 내는 부분에 란탄이 발화합금으로 사용된다.

영화 조명 - 란탄이 들어간 탄소 아크등은 백색광을 내며 영화 촬영 때 조명과 영사기 광원으로 사용한다.

58 세륨 (Cerium, Ce)

란탄족

원자 번호: 58
원자 질량: 140.12
상온에서: 고체. 노란빛 띠는 은회색
녹는점: 798℃ 끓는점: 3443℃
발견: 1803년 베르셀리우스, 히싱어, 클라프로트
이름: 소행성 세레스 'Ceres'

`자연 화합물` `희소금속`

친한 원소: 산소. 할로젠 원소 등

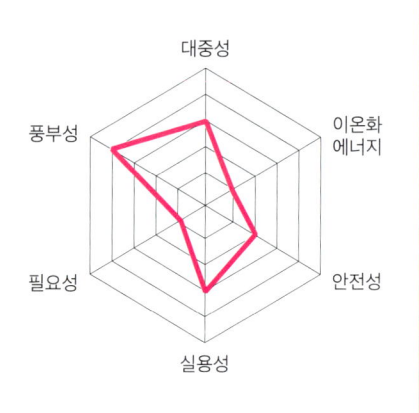

세륨은 노란색을 띠는 부드러운 은회색 금속으로 반응성이 커서 공기 중에서 쉽게 산화된다. 란탄족 원소 중 지구 상에 가장 많이 존재하며 바스트네사이트와 모나자이트로부터 얻을 수 있다.

세륨은 자외선을 흡수하는 성질을 가지고 있어서 자외선 살균장치, 선글라스와 UV 차단 유리, TV 브라운관, 자동차 창문 등에 사용한다.

세륨화합물은 기름기의 분해를 도와서 자체 세척 오븐에도 사용하고 촉매 변환기의 촉매로도 사용하며 세륨 합금은 라이터 돌과 가스 점화기의 발화금속으로 사용한다. 옥살산 세륨은 반사성 구토를 억제해서 구토약으로 사용한다.

세륨은 노란색 계열의 안료 성분 및 도자기 유약으로 사용한다.

세륨 암모늄 질산염 - 실험실에서 가장 흔한 세륨화합물이다.

자동차 유리 - 세륨은 400nm 이하인 자외선을 흡수한다.

세륨산화물 - 뛰어난 연마 능력으로 유리 연마제로 사용한다.

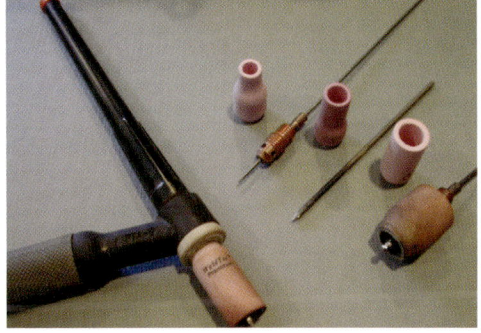

다양한 전극, 컵, 콜릿 및 가스 디퓨저가 있는 가스 텅스텐 아크 용접 토치 - 세륨산화물은 비철 금속의 얇은 부분을 용접하는데 사용하는 가스 텅스텐 아크 용접 전극 제조에 사용한다.

라이터의 불꽃용 미시금속합금은 세륨, 란탄, 철 등으로 만드는데 점화 온도가 낮은 세륨이 약 50% 정도 포함되어 있다.

청소기 LED - 세륨은 백색 발광 다이오드에 사용되는 형광체에 첨가하여 흰색 빛을 발하게 한다.

59 프라세오디뮴 (Praseodymium, Pr) 란탄족

원자 번호: 59
원자 질량: 140.91
상온에서: 고체. 은백색
녹는점: 931℃ **끓는점**: 3520℃
발견: 1885년 벨스바흐
이름: 그리스어 'prasios(녹색)'와 'didymos(쌍둥이)'

`자연 화합물` `희소금속`

친한 원소: 산소, 할로젠 원소 등

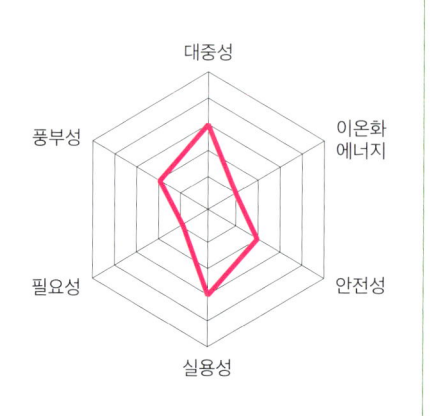

프라세오디뮴은 부드러운 은색 금속으로, 잘 늘어나고 반응성이 커서 공기 중에서 녹색 산화물층을 만들고 물과 쉽게 반응한다. 지각에서 존재량이 아주 희귀하진 않지만 추출이 어렵고 복잡해서 희소 금속이다. 모나자이트와 바스트네사이트 등에 함유되어 있다.

프라세오디뮴은 가공이 쉽고 녹이 잘 슬지 않아서 코발트와 합금하여 강도가 세고 쉽게 깨지지 않는 프라세오디뮴 자석을 만드는데 이 자석은 모터, 프린터, 시계, 헤드폰, 확성기 등 소형 전자기기에 사용한다.

프라세오디뮴과 네오디뮴의 혼합물인 디디뮴은 자외선을 흡수해서 용접용 안전 고글이나 렌즈, 필터의 광학 코팅에 사용한다.

프라세오디뮴이 들어간 유리는 밝은 노란색 또는 녹색을 띤다. 프라세오디뮴과 마그네슘합금은 강하고 잘 녹슬지 않아 항공기 엔진에 사용된다.

보잉 737 항공기 엔진 - 프라세오디뮴은 엔진 부품을 만드는 고강도 합금인 마그네슘 합금을 강하고 잘 녹슬지 않게 만드는 합금제로 사용한다.

헤드폰 - 프라세오디뮴 자석은 헤드폰 등 소형 전자기기에 많이 사용한다.

그릇 - 프라세오디뮴 화합물은 유리나 도자기, 법랑 등을 밝은 노란색 또는 녹색으로 만드는 착색제로 사용한다.

용접용 안전고글 - 프라세오디뮴은 용접 시 튀어나오는 빛으로부터 눈을 보호한다.

60 네오디뮴 (Neodymium, Nd)

란탄족

원자 번호: 60
원자 질량: 144.24
상온에서: 고체. 은백색
녹는점: 1021℃ **끓는점**: 3074℃
발견: 1885년 벨스바흐
이름: 그리스어 'neos(새로운)'와 'didymos(쌍둥이)'
자연 화합물 **희소금속**
친한 원소: 산소. 할로젠 원소 등

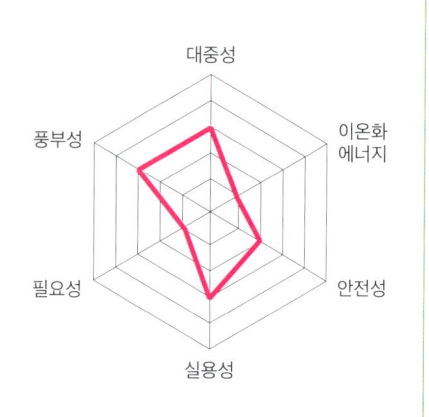

네오디뮴은 부드러운 은백색 금속으로 공기 중에서 쉽게 산화하고 강력한 자성을 가진다. 지각에 많이 분포하고 대부분의 네오디뮴은 바스트네사이트에서 추출한다.

네오디뮴은 가장 강력한 영구 자석인 NIB자석(네오디뮴, 붕소, 철 합금)을 만든다. 가전 제품에 사용하는 자석은 대부분 네오디뮴 자석으로 휴대전화 진동 모터, 컴퓨터 하드 디스크 드라이브, 이어폰, 마이크 등 다양하게 사용되며 전기 자동차의 모터와 풍력 터빈의 발전기에 전력을 공급하는 자석으로도 사용한다.

네오디뮴은 수명이 길고 효율이 뛰어난 고출력 레이저와 유리의 착색제로도 사용하는데 Nd-YAG Laser는 레이저 수술과 용접, 가공 등에 이용한다.

네오디뮴 자석 - 가장 강력한 자석이다.

자화기 - 네오디뮴 자석으로 드라이버에 자성이 생기게 해서 부품이 달라붙게 한다.

무선 이어폰 - 네오디뮴 자석이 전자기 유도로 진동판을 진동시켜 소리를 만든다. 물론 이어폰과 충전케이스에도 자석이 있어서 서로 붙게 만든다.

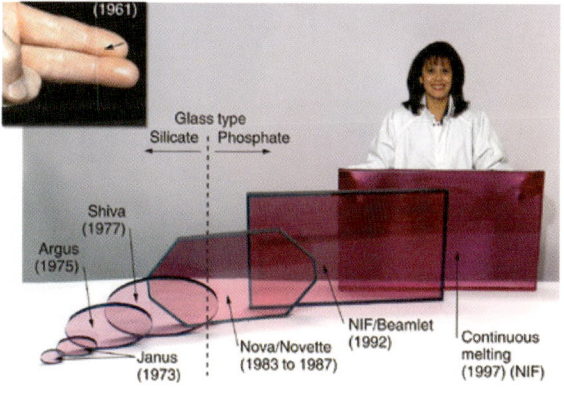

네오디뮴 글라스 - 네오디뮴이 도핑된 유리 슬래브는 관성 구속 융합을 위한 매우 강력한 레이저에 사용된다.

61 프로메튬 (Promethium, Pm)

 란탄족

원자 번호: 61
원자 질량: [145]
상온에서: 고체. 은백색
녹는점: 1042℃ **끓는점**: 3000℃
발견: 1945년 마린스키, 커리엘, 글렌데닌
이름: 그리스 로마신화의 프로메테우스
인공 방사성 원소 희소금속
친한 원소: 산소. 할로젠 원소 등.

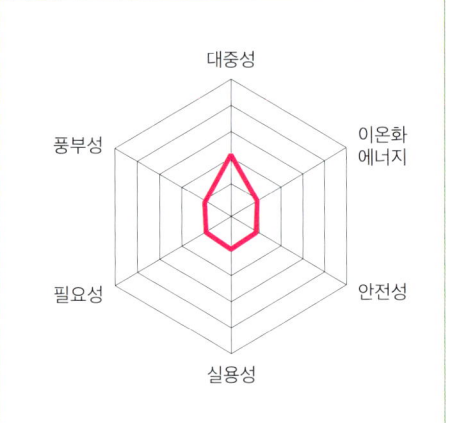

프로메튬은 은백색 금속으로 란탄족 유일의 방사성 원소이다. 원소 자체가 불안정해서 순식간에 붕괴한다. 지구상에서 자연상태로는 우라늄 광석에 1kg도 안 되는 적은 양이 존재하고 대부분 우라늄 핵분열을 통해서 얻는다.

프로메튬 염화물은 방사선을 방출하여 어둠 속에서도 파랗게 발광하기 때문에 시계나 계기판 등 야광 눈금판에 쓰이는 발광 도료로 사용했었다. 프로메튬 147을 제외하고는 주로 연구 목적으로만 활용한다.

또한 큰 전력을 얻을 수 있어 우주 탐사선의 원자력 전지로 연구 개발되었지만 일반적으로 사용하기에 값이 너무 비싸서 현재는 폴로늄과 플루토늄으로 대체되었다.

프로메튬 화합물은 물질을 통과하는 방사선량을 통해 그 물질의 두께를 측정하는 데 사용한다

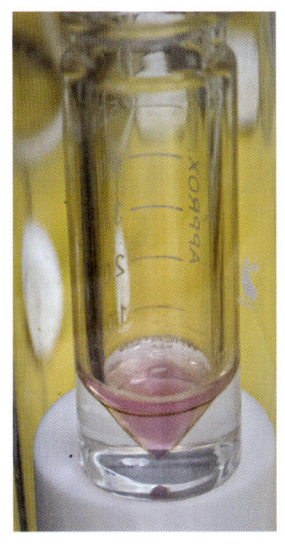 

프로메튬 이온 용액

일부 신호등은 프로메튬 147에서 방출하는 방사선을 흡수하여 빛을 방출하는 형광체가 포함된 발광 페인트를 사용한다.

프로메튬의 스펙트럼 선

프로메튬 화합물은 황화아연 같은 인광체와 섞어서 시계나 계기판의 발광 도료로 사용한다.

147

62 사마륨(Samarium, Sm)

란탄족

- **원자 번호**: 62
- **원자 질량**: 150.36
- **상온에서**: 고체. 은백색
- **녹는점**: 1074℃ **끓는점**: 1794℃
- **발견**: 1879년 부아보드랑
- **이름**: 'samarskite' 광석
- 자연 화합물 희소금속
- **친한 원소**: 산소. 황. 셀레늄. 텔루륨. 할로젠 원소 등

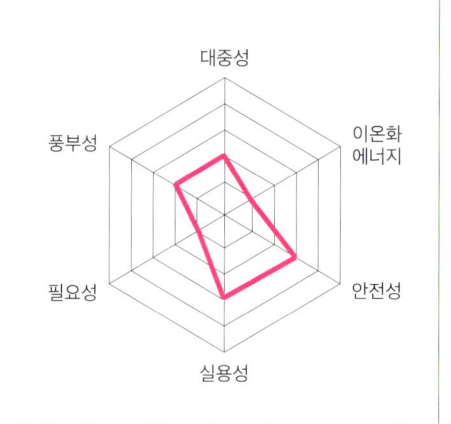

사마륨은 부드러운 은백색 금속으로 공기 속에서 천천히 산화된다. 토양과 바다에 분포하며 세라이트, 가돌리나이트, 모나자이트, 바스트네사이트 등 광물에 존재한다.

사마륨은 코발트와 합금하여 강한 자석을 만드는데 네오디뮴 자석보다 비싸다. 하지만 부식에 강하고 700℃에서도 자성을 잃지 않아서 고가이거나 가혹한 환경에서 사용하는 장비나 소형 모터, 일렉트릭 기타 및 베이스의 픽업에 사용한다. 또 에탄올의 탈수 및 탈수소 반응이나 오염 물질 분해 과정의 촉매로도 사용한다. 산화사마륨은 적외선을 흡수하여 특수 세라믹이나 유리 제조에 이용하고 사마륨 X-선 레이저는 홀로그래피, 고해상도 현미경, 고밀도의 플라즈마 방사선 촬영에 사용한다.

방사성 동위원소 사마륨146은 반감기가 약 6800만 년이나 되어 암석에서 태양계 행성의 연대를 측정할 수 있다.

방사성 동위원소 사마륨153은 암세포를 죽이는 치료제로 사용된다.

사마륨 149는 원자로에서 중성자를 잘 흡수하여 중성자 제어봉에 사용한다.

솔라 챌린저 - 태양열로 구동되는 전기 항공기로 모터에 열에 강한 사마륨 코발트 자석을 사용한다.

사마륨 - 산화되지 않게 비활성인 아르곤 기체가 든 용기에 보관한다.

사마르스카이트 표본 - 사마륨은 사마르스카이트 표본에서 처음으로 분리되었다.

FAT-STRAT(H-S-S)의 픽업 구성을 가진 Peavey Raptor의 3개의 마그네틱 픽업. - 사마륨 자석은 고온에서도 자성을 잃지 않아 전기 기타 픽업에 사용한다.

63 유로퓸(Europium, Eu) 란탄족

- **원자 번호**: 63
- **원자 질량**: 151.96
- **상온에서**: 고체. 은백색
- **녹는점**: 822℃ **끓는점**: 1529℃
- **발견**: 1896년 드마르세이
- **이름**: 유럽 대륙의 이름 'europe'
- 자연 화합물 희소금속
- **친한 원소**: 비금속 원소, 할로젠 원소.

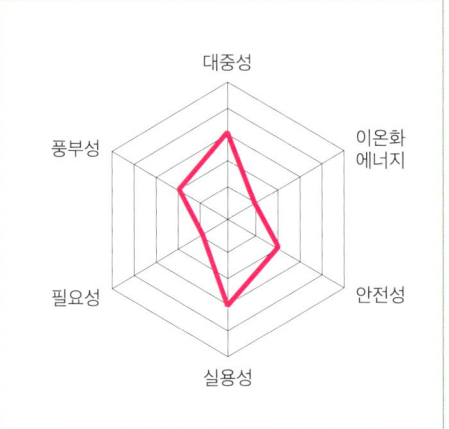

유로퓸은 부드러운 은백색의 금속으로 공기와 쉽게 반응한다. 희토류 중 산출량이 가장 적고 란탄족 원소 중 반응성이 가장 높다. 모나자이트와 바스트네사이트에 소량 포함되어 있고 달표면에서 채취해온 암석 시료에 고농도 유로퓸이 함유되어 있었다.

유로퓸은 자외선을 비추면 붉게 빛나는 특성이 있어 TV 브라운관과 LED 백라이트조명, 삼파장 형광등, 형광램프 등에 사용한다. 또 유로 지폐의 인쇄에 위조 방지용으로 유로퓸 잉크를 사용한다. 우체국에서 우편물을 분류하는 바코드에도 사용한다.

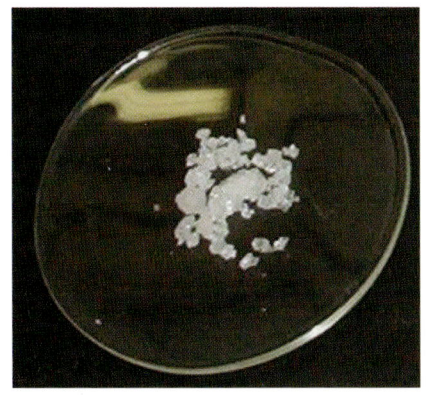
유로퓸 염화물 - 흡습성이 있어 물을 빠르게 흡수한다.

TV 모니터 - 유로퓸을 빨강색 형광체로 사용한다.

유로 지폐 - 유로 지폐를 인쇄할 때 위조를 방지하기 위해 유로퓸이 들어간 잉크를 사용한다.

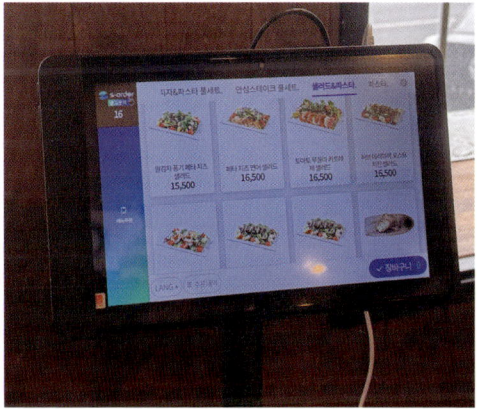
액정 디스플레이 - 유로퓸을 첨가한 산화이트륨을 백라이트용 빨간색 형광체로 사용한다.

64 가돌리늄 (Gadolinium, Gd)

란탄족

원자 번호: 64
원자 질량: 157.25
상온에서: 고체. 은백색
녹는점: 1313℃ **끓는점**: 3273℃
발견: 1880년 마리냐크
이름: 과학자 가돌린

자연 화합물 희소금속

친한 원소: 대부분 원소들과 반응

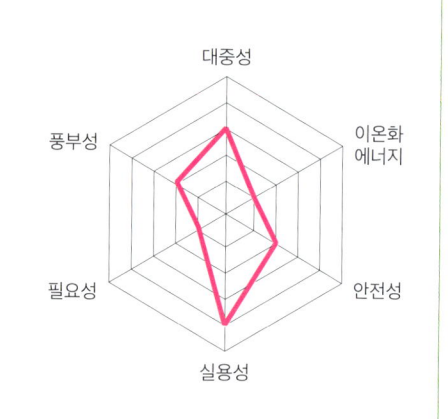

가돌리늄은 부드럽고 광택이 있는 은백색 금속으로 산소나 물과 반응하면 색이 변한다. 지각에 함유되어 있고 모나자이트와 바스트네사이트에서 생산된다.

가돌리늄은 상온에서 자성이 강하다. 네오디뮴 자석은 부식에 약한 게 단점인데 가돌리늄을 첨가하여 부식을 방지한다.

모든 원소 중 중성자를 가장 잘 흡수해서 중성자 방사선 촬영과 원자로 차폐장치와 제어봉에 사용한다. 또한 항암 치료를 위한 중성자 포획 치료에도 사용한다.

가돌리늄화합물은 감도 향상을 위해 X-선 촬영용 필름, 그 외 종양 검출이나 골밀도 측정기 같은 의료 기기에도 사용한다.

가돌리늄은 강자성이지만 온도 20℃를 넘으면 강자성을 잃으면서 상온에서 자기장에 따라 열을 발생하거나 흡수하는 자기 냉동 효과를 보여 환경친화적인 차세대 냉동시스템으로 연구되고 있다.

희토류 광석

희토류 산화물 - 상단 중앙에서 시계 방향으로 프로세오디뮴, 세륨, 란타늄, 네오디뮴, 사마륨, 가돌리늄이다.

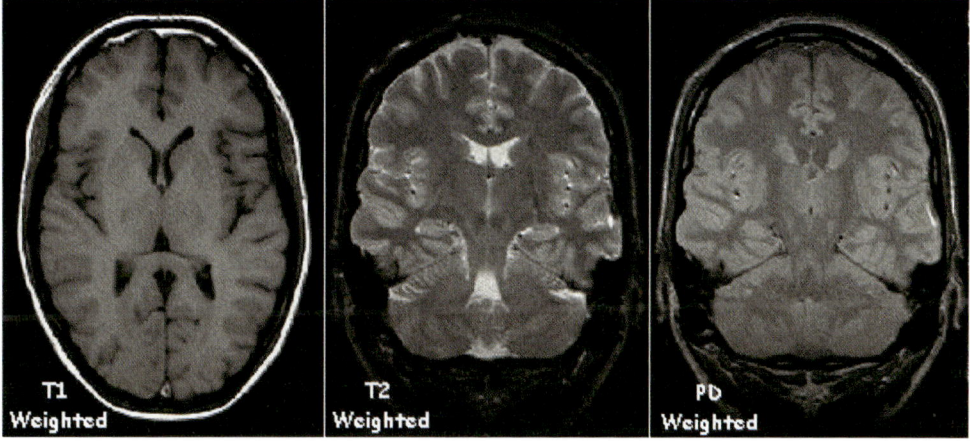

MRI 스캔 영상 - 가돌리늄은 대비가 확실하게 보여서 MRI 검사에 조영제로 사용한다.

전자레인지 - 가돌리늄 이트륨 가넷은 전자레인지에서 마이크로파 발생 소자로 사용된다.

65 터븀(Terbium, Tb)

란탄족

원자 번호: 65
원자 질량: 158.93
상온에서: 고체. 은회색
녹는점: 1356℃ 끓는점: 3230℃
발견: 1843년 모산더
이름: 스웨덴의 이테르비 마을

자연 화합물 희소금속

친한 원소: 비금속 원소. 할로젠 원소. 붕소. 규소 등

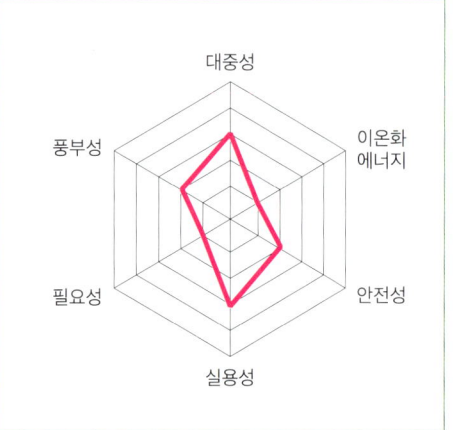

터븀은 노란빛을 띠는 은회색 금속으로 칼로 잘릴 만큼 무르다. 공기와 물과는 천천히 반응하고 산과는 빠르게 반응하며 제노타임이나 모나자이트, 가돌리나이트 등에 소량 함유되어 있다.

터븀은 삼파장 형광등과 컬러 TV 브라운관에 녹색 빛을 내는 형광물질로 사용하고 X-선 진단용 형광 스크린과 유로화 지폐의 위조 방지용 형광 인쇄에도 사용한다. 터븀 디스프로슘 철 합금은 자기장 세기에 따라 팽창 수축하는 자기변형합금으로 정밀가공기의 작동장치, 해군 수중음파탐지기, 액추에이터, 사운드 버그 스피커 등에 사용한다. 또 고온 연료전지 안정제로 사용되고 네오디뮴 자석이 고온에서도 자성을 유지하도록 디스프로슘과 함께 합금제로 첨가되며 광자기디스크에 사용한다.

삼파장 형광등 - 산화터븀은 녹색 형광체로 빛의 삼원색을 내는 형광체로 이용한다.

휴대용 음파탐지기 - 터븀, 디스프로슘, 철 합금은 자기 변형 합금으로 해군수중음파 탐지기에 사용한다.

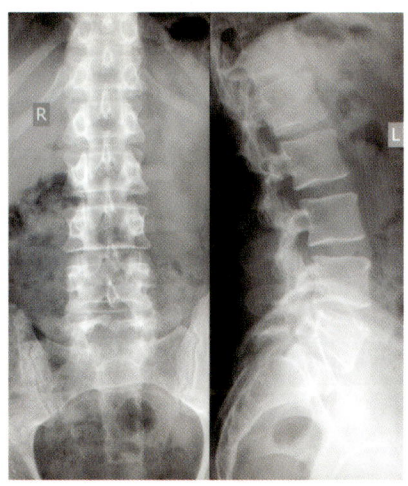

척추 엑스레이 - 터븀 화합물은 X-선 진단용 형광스크린에 녹색 형광물질로 사용한다.

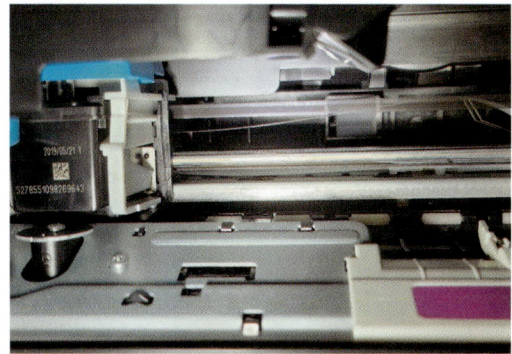

잉크젯 프린터 인쇄 헤드 - 터븀은 자기변형 합금으로 잉크젯 프린터 인쇄 헤드에 사용한다.

66 디스프로슘 (Dysprosium, Dy)

란탄족

원자 번호: 66
원자 질량: 162.50
상온에서: 고체. 은백색
녹는점: 1412℃ **끓는점**: 2567℃
발견: 1886년 부아보드랑
이름: 그리스어 'dysprositos(얻기 힘든)'
자연 화합물 | 희소금속
친한 원소: 고온에서 비금속 원소. 할로젠 원소 등.

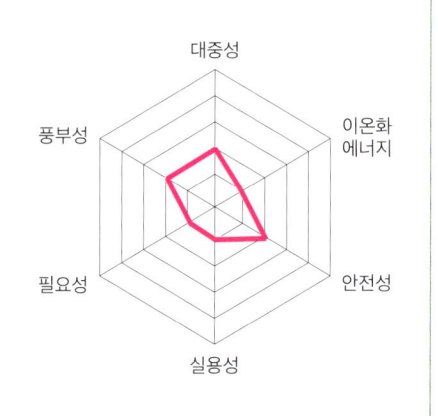

디스프로슘은 은백색 금속으로 매우 부드럽고 가공이 쉬우며 제노타임 등 여러 광석에서 발견된다.

디스프로슘은 빛 에너지를 저장해 발광하는 성질이 있어 야광 안료로 이용되어 비상구 표시등이나 경고용 사인 등에 쓴다. 이때 발광체로는 유로퓸이 사용된다. 미세분말로 매니큐어액에 섞어서 네일 아트나 바디 페인팅에 사용한다.

네오디뮴 자석의 내열성과 내식성을 강화하여 고온에서도 자력을 유지하도록 디스프로슘이 첨가된 네오디뮴 자석은 하이브리드 자동차나 전기 자동차의 전기모터, 풍력 발전기용 터빈 등에 사용한다. 또한 터븀과 함께 자기변형합금의 한 성분으로 액추에이터, 사운드버그 스피커, 자기기계적 센서 등에 쓰이고 레이저와 조명에도 사용한다.

화려한 형광메이크업 - 디스프로슘의 발광하는 성질을 이용하여 안료로 사용한다.

풍력 발전기에 사용되는 네오디뮴 자석에서 네오디뮴의 4~5% 정도가 디스프로슘으로 치환되었다. 자석의 사용 온도가 높을수록 디스프로슘의 치환 비율이 높아진다.

전기 버스의 전기모터에 고온에서도 자력을 유지하도록 디스프로슘이 첨가된 네오디뮴 자석을 사용한다.

하드 디스크 드라이브 - 디스프로슘은 자화에 민감해서 다양한 데이터 저장 분야에 사용한다

67 홀뮴 (Holmium, Ho)

란탄족

원자 번호: 67
원자 질량: 164.93
상온에서: 고체. 은백색
녹는점: 1474℃ 끓는점: 2700℃
발견: 1879년 클레베, 드라폰테인, 소레
이름: 스톡홀름의 라틴어 이름 'holmia'

자연 화합물 | 희소금속

친한 원소: 산소, 수소, 할로젠 원소, 황, 셀레늄 등

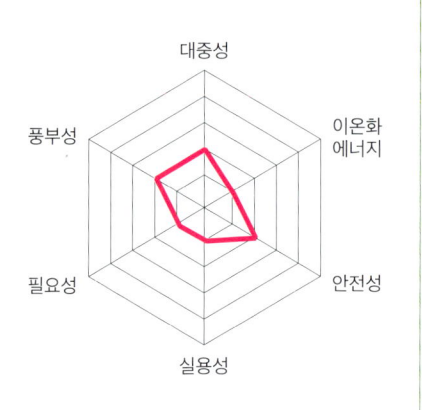

홀뮴은 부드럽고 잘 늘어나는 은백색 금속으로 반응성이 크고 물과 만나면 쉽게 부식된다. 모나자이트와 바스트네사이트, 제노타임에 함유되어 있다.

홀뮴은 자력이 강하여 강력한 자기장을 얻기 위한 초전도 자석의 자극으로 사용한다.

홀뮴을 첨가한 의료용 레이저 메스는 절개와 동시에 지혈하여 출혈을 최소화하고 통증과 손상을 줄여서 결석제거나 전립선비대증 치료 등에 사용한다.

홀뮴 산화물은 큐빅 지르콘 보석을 노란색으로 보이게 하고 유리에 섞으면 유리의 색이 옅은 노란색으로 착색된다. 홀뮴은 분광 광도계의 파장 교정용 광학 필터로 사용한다.

선글라스 - 홀뮴 산화물을 유리에 섞으면 노란색이나 주황색으로 착색된다.

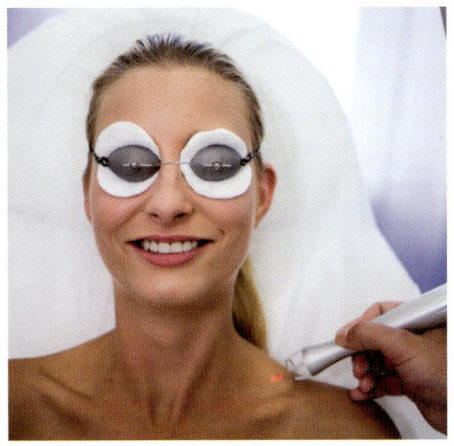
의료용 레이저 - 홀뮴 레이저는 절개하는 동시에 지혈할 수 있어서 레이저 메스로 사용하기 좋다.

홀뮴 산화물- 홀뮴 산화물 용액을 함유한 유리는 스펙트럼 범위인 200~900nm에서 날카로운 광학 흡수 피크를 가져 광학분광 광계의 교정 표준으로 사용한다.

68 어븀(Erbium, Er)

란탄족

- 원자 번호: 68
- 원자 질량: 167.26
- 상온에서: 고체. 은백색
- 녹는점: 1529℃ 끓는점: 2868℃
- 발견: 1843년 모산더
- 이름 유래: 스웨덴의 이테르비 지역
- 자연 화합물 희소금속
- 친한 원소: 산소, 수소, 할로젠 원소, 황, 질소, 탄소 등

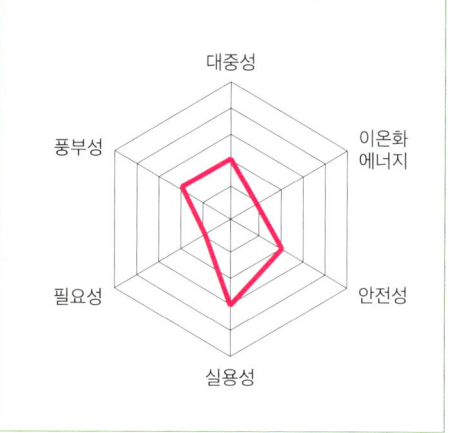

어븀은 은백색 금속으로 희토류 중 존재량이 많고 저렴하며 모나자이트와 바스트네사이트, 제노타임, 육세나이트 등에 함유되어 있다.

광섬유에 어븀을 첨가하면 빛 에너지를 증폭시켜 전송거리를 늘려서 장거리 고속 통신이 가능하여 인터넷의 고속통신망에 사용한다. 산화어븀은 큐빅 지르코니아에 첨가하면 아름다운 분홍색을 띠어 보석 장식품 착색제나 선글라스에 사용하고 적외선 영역 광흡수율이 높아서 용접 및 유리 세공 시에 쓰는 특수 안전안경용 유리로도 사용한다.

소량의 어븀을 바나듐에 첨가하면 가공성이 좋고 부드러워서 모양을 만들기 쉬운 합금이 만들어져 공구나 제트엔진 등에 사용한다.

또 의료와 미용 분야의 의료용 레이저에 사용하여 피부의 점이나 흉터를 제거하는 데도 쓰인다.

전철역 와이파이 공유기 - 어븀을 첨가하여 광신호를 증폭시킨 광섬유로부터 받은 데이터를 빠르게 무선으로 전송한다.

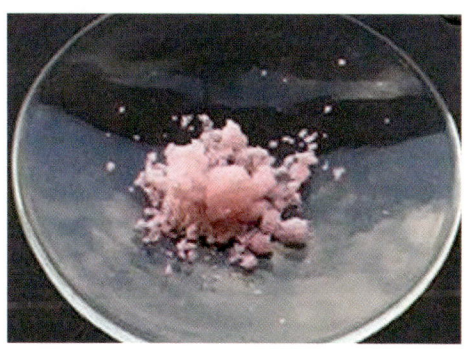

염화어븀 - 햇빛에 염화어븀이 분홍색 형광으로 보인다.

어븀은 광섬유 내부에서 광신호를 증폭시킨다.

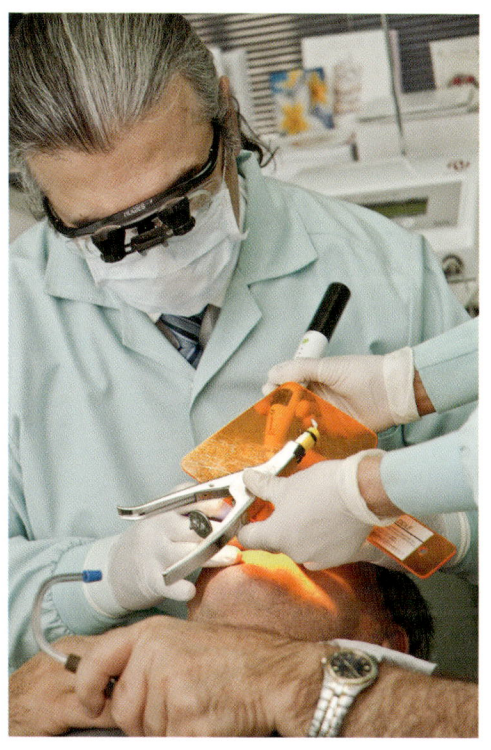

치과 - 어븀 치과 레이저는 신경에 진정효과를 주어 국소마취제 없이 외상성 충치를 제거하는데 효과적이다.

69 툴륨(Thulium, Tm)

란탄족

원자 번호: 69
원자 질량: 168.93
상온에서: 고체, 은회색
녹는점: 1545℃ **끓는점**: 1950℃
발견: 1879년 클레베
이름: 스칸디나비아의 옛이름 'thule(최북단의 땅)'

자연 화합물 | 희소금속

친한 원소: 산소, 수소, 할로젠 원소, 탄소, 붕소, 황, 질소 등

툴륨은 부드러운 은회색 금속으로 공기 중에서 천천히 산화하여 검게 변한다. 란탄족 중 지각에서 차지하는 존재량이 가장 적은 원소이지만 금보다 훨씬 많으며 제노타임과 모나자이트에서 산출된다.

툴륨은 빛의 강도를 증폭시키는 작용을 해서 광섬유에 첨가한다. 어븀과는 다른 광역대에 작용해서 두 원소를 함께 사용하면 폭넓은 대역의 빛을 통신에 이용할 수 있다.

방사선을 흡수한 툴륨은 가열하면 푸른색으로 형광을 발해서 방사선량계와 유로화 지폐 위조 방지용으로 사용한다.

툴륨을 첨가한 레이저는 물에 잘 흡수되는 빛의 파장으로 조직 표면 제거에 효율적이라 피부 잡티나 흉터를 제거하는 미용 레이저 외에도 군사 및 기상 관측용으로도 사용한다. 또한 휴대용 X-선 장치의 방사선원으로 의료 및 치과 진단, 비파괴 검사, 암치료 등에 사용한다.

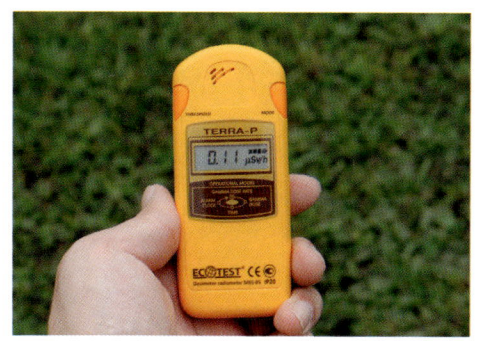

방사선 선량계 - 툴륨은 방사선을 흡수하면 형광 발광해서 방사선 피폭 정도를 알 수 있다.

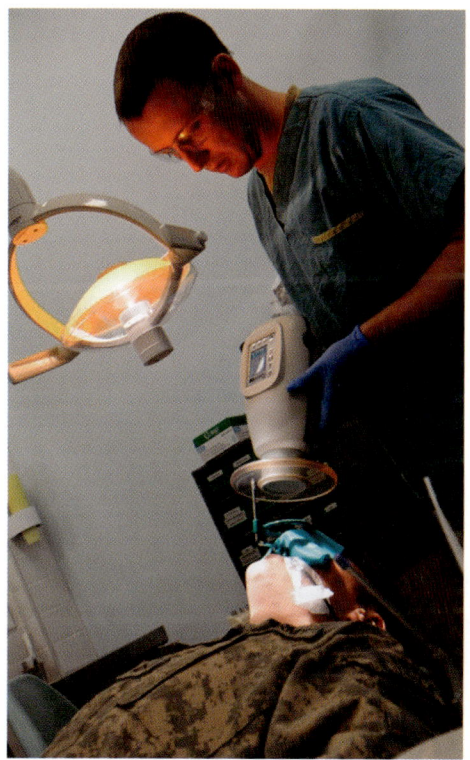

치과용 디지털 X-선 시스템 - 툴륨을 방사선원으로 사용한다.

폰스함에 장착된 AN/SEQ-3 레이저 무기 시스템 - 툴륨 등 희토류 원소를 첨가한 고체 레이저로 적외선 빔을 발사하여 파괴력이 강하다.

휴대용 X-선 발생기 - 툴륨의 중성자에 충격을 가해서 방출선을 가진 동위원소 툴륨 170을 만든다.

70 이터븀(Ytterbium, Yb)

란탄족

원자 번호: 70
원자 질량: 173.04
상온에서: 고체. 은백색
녹는점: 824℃ **끓는점**: 1196℃
발견: 1878년 마리냐크
이름: 스웨덴의 이테르비 지역 이름
자연 화합물 희소금속
친한 원소: 산소. 수소. 할로겐 원소. 붕소. 질소 등

이터븀은 부드러운 은백색 금속으로 잘 늘어나고 공기나 물과 약간 반응하며 제노타임, 가돌리나이트, 모나자이트, 바스트네사이트 등에 존재한다.

이터븀은 압력에 따라 전기저항이 변해서 지진이나 폭발 시 충격파를 측정하는 측정기에 이용한다. 외에도 유리를 황록색으로 착색하고 적외선 아래에서 어븀을 붉은색이나 초록색으로 빛나게 해 지폐나 위조 방지용 잉크에 사용한다.

또한 이터븀은 YAG 레이저에 첨가하거나 스테인리스강의 강도를 높이는 첨가제, 태양전지 등에도 사용한다. 그리고 이터븀의 동위원소가 방사하는 감마선을 이용하여 비파괴 검사장치에 사용하고 높은 안정성을 가져 정밀한 원자 시계 제

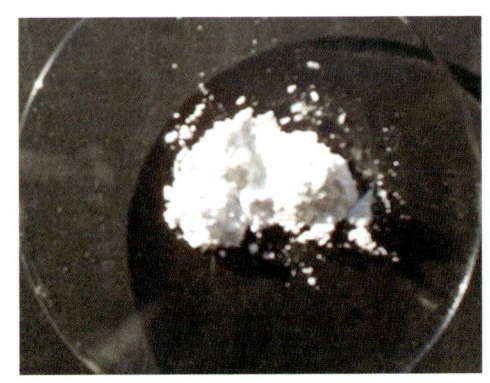

이터븀 산화물 - 가시광선 영역의 빛을 흡수하지 않기 때문에 흰색을 띤다.

작에 활용된다. 이터븀은 터븀 등과 마찬가지로 광섬유에서 빛에너지를 증폭시키는 데 이용한다.

이터븀은 눈과 피부를 자극하고 금속 가루는 불이 붙거나 폭발할 수 있어서 조심해야 한다.

스테인리스강 제품 - 이터븀을 첨가하여 스테인리스강의 강도를 높이고 결정립을 미세화한다.

이터븀 격자 시계 - 광자를 이용해서 시간을 정확하게 측정할 수 있다. 두 개의 원자시계를 결합하여 만든 이터븀 시계로 가장 안정적인 시계이다.

71 루테튬(Lutetium, Lu)

란탄족

원자 번호: 71
원자 질량: 174.97
상온에서: 고체. 은백색
녹는점: 1663℃ 끓는점: 3402℃
발견: 1907년 위르뱅, 벨스바흐, 제임스.
이름: 파리의 라틴 이름 'lutetia'
자연 화합물 희소금속
친한 원소: 산소. 수소. 탄소. 할로젠 원소 등

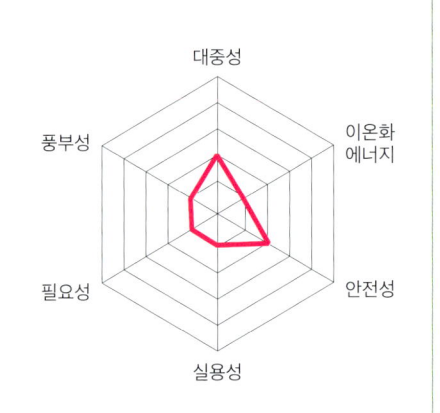

루테튬은 은백색 금속으로 란탄족 중 마지막 원소이다. 툴륨과 함께 란탄족 중 지각에 가장 적게 존재한다. 육세나이트나 모나자이트에 함유되어 있는데 분리가 어려워서 금보다도 값이 훨씬 비싸서 소량으로 몇 가지 용도에 사용한다.

루테튬은 정유 공장에서 석유제품을 분해하는 등 화학공업의 촉매로 사용한다.

방사성 동위원소 루테튬 177은 방사선 선원으로서 방사선 치료에 이용되고 방사성 동위원소 루테튬 176은 반감기가 약 380억 년으로 광물과 운석의 연대를 측정하는데 사용한다.

루테튬 알루미늄 가넷은 투명한 광

정유공장 - 루테튬은 석유화학공업에서 탄화수소 분해, 중합, 알킬화 반응의 효율적인 촉매로 사용한다.

세라믹 물질로 고굴절 렌즈 재료로 사용한다.

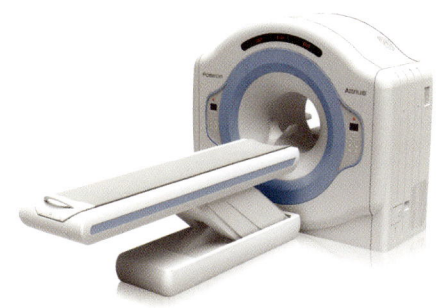 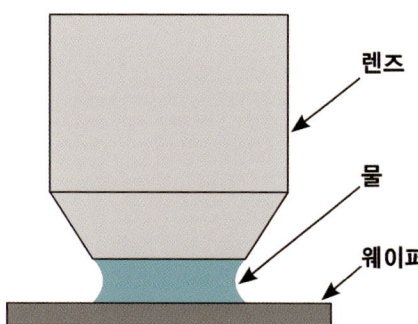

양전자 방출 단층촬영 기계 - 규소루테튬은 방사선을 만나면 빛을 내는 형광물질로 양전자단층촬영 스캐너에 이용한다.

액침 리소그래피 구조 - 루테튬 알루미늄 가넷은 투명한 광세라믹 물질로 고굴절률 액침 리소그래피에서 렌즈 재료로 사용한다.

72 하프늄 (Hafnium, Hf)

전이금속

원자 번호: 72
원자 질량: 178.49
상온에서: 고체. 은회색
녹는점: 2233℃ 끓는점: 4603℃
발견: 1923년 코스테르, 헤베시
이름: 코펜하겐의 라틴어 이름 'hafnia'

자연 화합물 | 희소금속

친한 원소: 할로겐 원소, 대부분의 비금속 원소

하프늄은 은회색 금속으로 화학적으로 안정하고 부식에 강하다. 광물인 지르콘에 부성분으로 함유되어 있는데 지르코늄과 화학적 특성이 비슷하여 분리가 어려웠다.

하프늄은 중성자를 잘 흡수하기 때문에 생산된 대부분이 원자로 제어봉에 사용되는데 핵 분열 반응이 억제되어 열이 적게 발생하고 기계적 강도도 뛰어나며 부식에 아주 강하다.

하프늄은 열에 강해서 여러 금속 합금에 첨가하면 초내열합금이 되어 제트 엔진의 터빈 블레이드나 로켓 노즐 등을 만든다.

산화하프늄을 집적회로 칩에 게이트 절연체로 사용하면 트랜지스터의 크기가 작아지면서 칩에 트랜지스터를 더 많이 넣을 수 있어 에너지 효율이 좋아진다.

백열전구 - 하프늄은 녹는점이 높고 산소나 질소와 반응하므로 백열등에서 산소와 질소를 제거하는 데 사용한다.

이산화하프늄 - 전기 전열체로 커패시터 및 반도체 장치에 사용한다.

원자로 제어봉 - 하프늄은 중성자를 잘 흡수하여 원자로 제어봉에 사용한다.

아폴로 달 착륙선의 하프늄 함유 로켓 노즐(오른쪽 하단 모서리) - 하프늄은 녹는점과 끓는점이 높아 여러 금속과 합금하여 초내열성 특수 합금을 만들어 항공기나 산업용 가스 터빈 블레이드 등에 사용한다. .

플라즈마 절단기 - 하프늄은 전자를 공기 중으로 방출하는 능력 때문에 플라즈마 절단의 전극으로 사용한다.

73 탄탈럼 (Tantalum, Ta) 전이금속

원자 번호: 73
원자 질량: 180.95
상온에서: 고체. 청회색
녹는점: 3017℃ 끓는점: 5458℃
발견/이름: 1802년 에케베리
이름: 그리스 신화 탄탈로스 'Tantalus'.
자연 화합물 희소금속
친한 원소: 산소, 질소, 탄소, 할로젠 원소 등

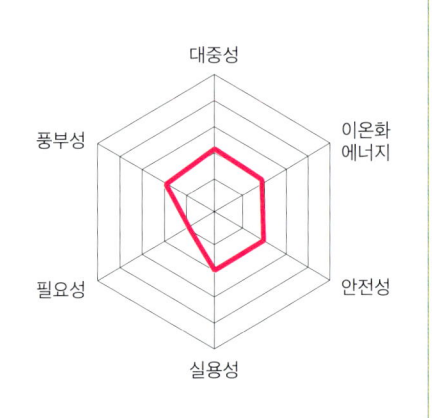

탄탈럼은 청회색 금속으로 부드럽고 열에 강하며 녹는점이 매우 높다. 열과 전기는 잘 통하지만 산에 녹지 않고 화학반응을 거의 일으키지 않는다.

탄탈라이트에서 발견되는 탄탈럼은 콘덴서의 원료로 사용하는데 탄탈럼 콘덴서는 크기가 작으나 성능이 좋아서 휴대전화나 컴퓨터, 게임기, 디지털 카메라, 자동차, 항공기, 군사무기 등에 폭넓게 이용된다.

탄탈럼은 생체 적합성이 뛰어나 골접합 볼트나 실이나 치아의 임플란트용 나사, 인공뼈, 인공관절, 두개골 판 등 의료용 소재로도 사용한다. 기체를 흡착하는 성질이 있어 전자관에서 기체를 배기하는 흡착제로도 사용하고 탄탈럼 합금은 단단하고 부식에 강해서 화학 플랜트 열교환기나 원자로 부품, 비행기 엔진 등으로 사용한다.

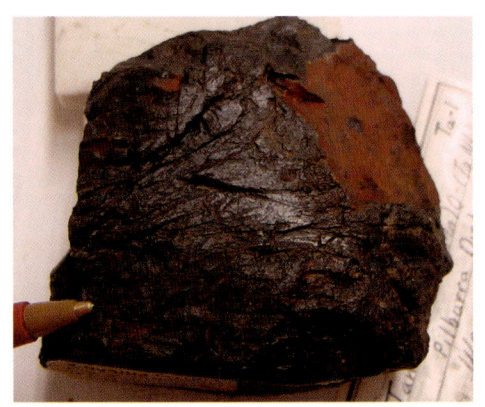

탄탈라이트 - 탄탈럼의 주요 공급원 광석

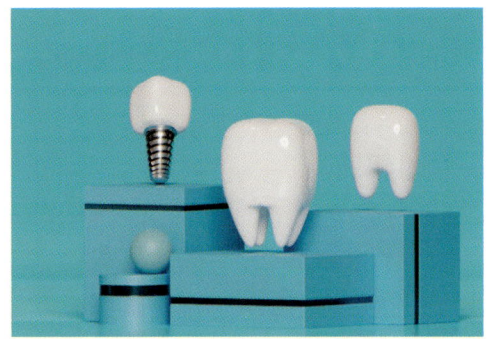

임플란트 - 임플란트 치료에서 치아를 턱뼈에 고정시키는 나사는 탄탈럼과 티타늄 합금으로 만든다.

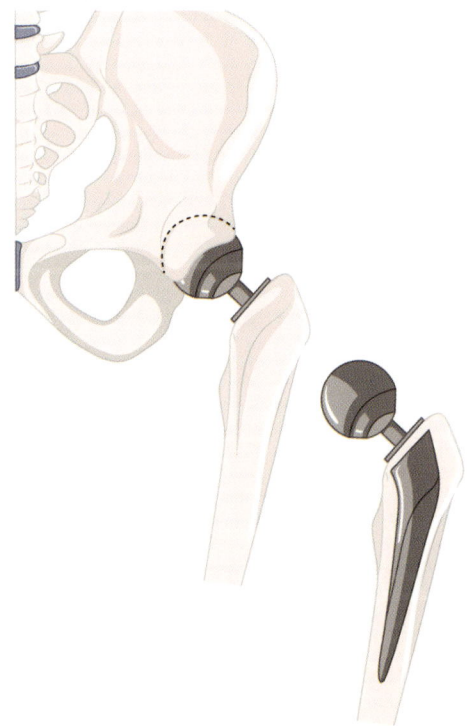

인공관절 - 탄탈럼은 생체 적합성이 뛰어나 인공 뼈, 인공 관절 등 의료용품으로 사용한다.

축방향 탄탈럼 커패시터(콘덴서) - 탄탈럼은 전도체이자 절연체로 전기를 축적하는 콘덴서의 원료로 사용한다.

내화금속 패스너 - 고온이거나 부식성이 높은 환경에서 사용하는 볼트, 너트, 와셔 등은 탄탈럼, 니오븀, 텅스텐, 몰리브덴 같은 내화금속으로 만든다. 탄탈럼 합금은 녹는점이 높고 강도와 연성이 증가하여 내열성 합금으로 사용한다.

74 텅스텐 (Tungsten, W)

전이금속

원자 번호: 74
원자 질량: 183.84
상온에서: 고체. 은회색
녹는점: 3422℃ 끓는점: 5555℃
발견: 1783년 엘야아르형제
이름: 옛 스웨덴어 'Tung(무거운)' + 'sten(돌)'
원소기호 W: 독일어 'Wolfram(늑대의 거품)'
자연 화합물 | 희소금속
친한 원소: 할로젠 원소, 산소, 탄소, 알칼리금속 등

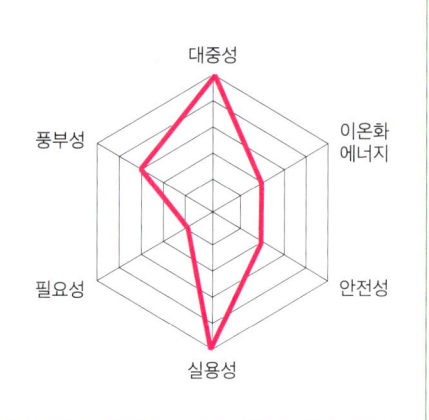

텅스텐은 은회색 금속으로 무겁고 녹는점이 모든 금속 중 가장 높다. 셀라이트와 볼프라마이트 광석에서 얻는다.

텅스텐은 단단하고 마모가 잘 되지 않아서 로켓의 노즐과 원뿔 모양의 로켓 앞부분 재료나 고온 기체 텅스텐 아크 용접의 전극으로 사용한다.

생산된 텅스텐의 반 이상은 탄소와 결합시킨 텅스텐 합금으로 해머 던지기의 해머, 드릴 날, 포탄, 전차의 장갑, 원형 톱의 날, 볼펜의 볼, 반지, 기계류 제조에 사용한다.

텅스텐과 몰리브덴, 바나듐을 포함한 고성능 합금은 기계 제작, 엔진 밸브 배출구, 장갑 뚫는 무기, 수류탄, 휴대전화를 진동시키는 작은 추 등으로 사용하며 철과 텅스텐 합금은 공구용 드릴로 사용한다. 텅스텐 화합물은 불에 타지 않는 섬유, 스위치 올리면 어두워지는 스마트 창문, 인쇄용 잉크, 플라스틱이나 고무의 염색이나 염료 외에도 석유 정제와 화학 공업의 촉매로도 사용된다.

원형 톱날 - 텅스텐을 탄소와 결합하면 아주 단단한 초경합금이 된다.

UGM27 폴라리스 잠수함 발사 탄도 미사일 - 텅스텐은 녹는점이 가장 높고 단단해서 로켓 노즐에 사용한다.

백열전구에 사용하는 텅스텐 필라멘트 - 녹는점이 가장 높은 텅스텐으로 전구의 필라멘트를 만든다.

수류탄 - 초음속 파편을 만들기 위해 텅스텐을 사용한다.

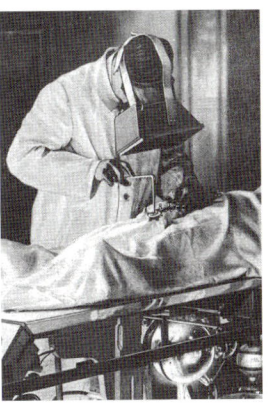

형광 투시경으로 총알 찾기 - 스크린에 텅스텐산 칼슘 같은 형광화학물질로 코팅한다.

다트 머리 부분은 텅스텐 강으로 되어 있다.

자동차 유리창 열선 - 텅스텐 가열선을 심어 유리창에 서리를 제거한다.

75 레늄 (Rhenium, Re)

전이금속

원자 번호: 75
원자 질량: 186.21
상온에서: 고체. 은백색
녹는점: 3186℃ **끓는점**: 5596℃
발견: 1925년 독일의 노다크와 다케, 베르크
이름: 독일의 라인강의 라틴어 'Rhenus'.

`자연 화합물` `희소금속`

친한 원소: 할로젠 원소. 산소. 붕소. 황 등

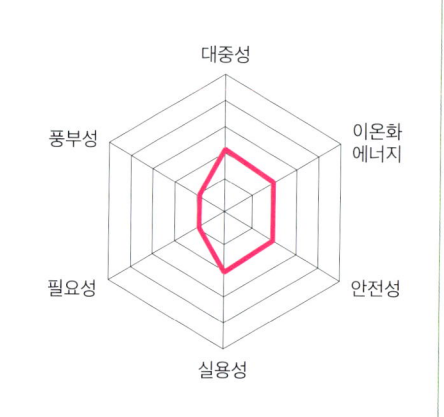

레늄은 은백색 금속으로 끓는점이 가장 높고 녹는점이 텅스텐 다음으로 높아 열에 강하다. 천연에서 안정하게 존재하는 원소로 금속 중 가장 단단하고 금보다 밀도가 크다. 지각에서 희귀한 원소로 대부분 몰리브덴 광석인 휘수연석에서 부성분으로 얻는다.

레늄 합금은 고온에서 잘 견뎌서 제트엔진이나 가스터빈, 우주선, 로켓 분사구를 비롯해 석유나 램프나 오븐의 가열용 필라멘트와 질량분석계의 이온원, 고온 측정용 온도계 부품, 펜촉 등으로 사용한다. 또 석유 정제 촉매와 수소화 및 탈수소화 촉매로도 사용한다.

레늄의 두 방사성 동위원소는 간암, 전립선암, 골수암의 치료와 고통을 줄이는 방사선 치료에 이용한다.

레늄-오스뮴 연대측정은 수십억 년 이상된 암석의 연대를 측정할 수 있다.

오븐 - 레늄 합금은 고온에 잘 견뎌서 오븐의 가열용 필라멘트로 사용한다.

석유 공장 - 석유 정제 과정에서 옥탄 비율을 높이기 위해 레늄과 백금을 촉매로 사용한다

열전대 - 레늄 텅스텐 와이어로 고온에 안정적이고 전기 저항이 커서 2000℃ 이상 고온을 측정할 수 있다.

전투기용 제트엔진 터빈 블레이드 - 니켈 초합금에 레늄을 첨가하면 고온에서 강도가 증가하여 제트엔진 부품으로 사용된다.

76 오스뮴 (Osmium, Os)

전이금속

원자 번호: 76
원자 질량: 190.23
상온에서: 고체. 청백색
녹는점: 3033℃ **끓는점**: 5012℃
발견: 1803년 테넌트
이름: 그리스어 'Osme (냄새나는)'
자연 화합물   희소금속
친한 원소: 산소. 할로젠 원소 등

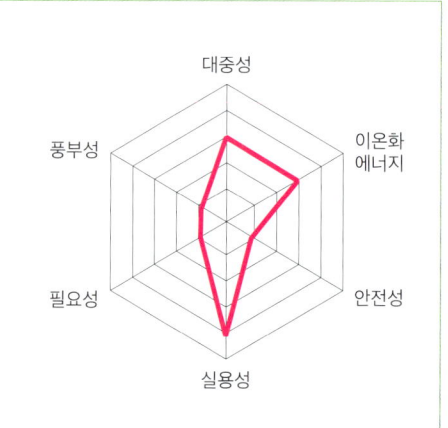

오스뮴은 파란 광택을 가진 은색 금속으로 측정 가능 원소 중 가장 밀도가 커서 납보다 2배는 무겁다. 단단한데 부서지기 쉽고 백금 광석에서 이리듐과 천연 합금 상태로 발견된다.

오스뮴은 녹는점과 끓는점이 높아 초기 전구의 필라멘트에 사용하였으나 부서지기 쉬워서 텅스텐으로 교체되었다.

오스뮴 합금은 단단하고 녹슬지 않아서 만년필 펜촉, 축음기 바늘이나 과학 장비의 회전축, 전기 접점, 정밀 베어링 등에 사용하고 석유 화학 산업과 제약 산업의 촉매로도 활용한다.

사산화오스뮴은 지문 검출, 화학 실험 시약, 염색제 등으로 사용하는데 냄새가 독하고 독성이 강해서 취급에 주의해야 한다.

백금과 오스뮴 합금은 독성이 없어서 인공 심장 박동기, 심장 판막 등 체내 삽입형 인공 장기 제작에 쓰인다.

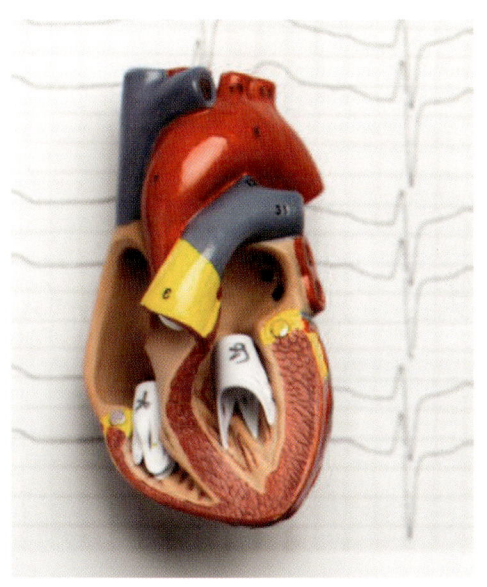

심장 모형 - 독성이 없는 백금과 오스뮴 합금은 인공 심장 박동기와 심장 판막 등 인체에 이식하는 인공 장기에 사용한다.

축음기 - 축음기 바늘 끝에 단단한 오스뮴을 사용한다.

만년필 펜촉 - 오스미리듐 합금은 단단하고 녹슬지 않아 펜촉에 사용한다.

77 이리듐 (Iridium, Ir)

전이금속

원자 번호: 77
원자 질량: 192.22
상온에서: 고체. 은백색
녹는점: 2446℃ **끓는점**: 4428℃
발견: 1803년 영국 테넌트
이름: 무지개 여신의 라틴어 이름 'Iris'.

자연 화합물 | 희소금속

친한 원소: 고온에서 산소. 할로젠 원소. 황 등

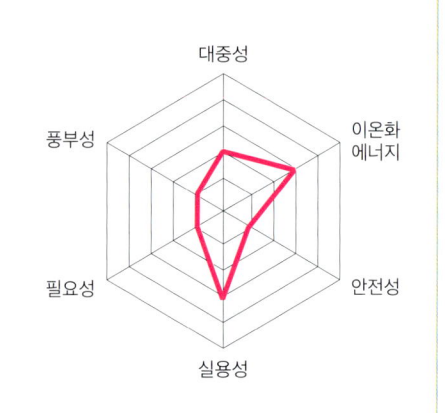

이리듐은 은백색 금속으로 녹는점이 높고 밀도가 아주 크며 금속 중에서 가장 부식에 강하고, 단단하지만 부서지기 쉽다. 지각에는 아주 적은 양만 존재하나 운석에서는 흔히 발견된다. 철보다 무거운 원소들과 같이 중성자별 병합이나 초신성 폭발로 형성되었다. 주로 구리와 니켈 제련의 부산물로 얻는다.

이리듐은 다양한 합금과 촉매로 사용하는데 이리듐 합금은 마모나 부식에 강해서 만년필 촉, 나침반 베어링, 면도날 등을 비롯해 내열성이 뛰어나 점화 플러그의 전극, 비행기 부품, 고온에서 사용하는 도가니 등으로 사용한다. 자동차나 다른 수송 수단의 촉매 변환기로도 사용하고 과거에는 킬로그램 표준 원기와 미터 표준 원기의 재료로 백금과 이리듐을 섞은 합금 막대를 사용했다.

이리듐 금속

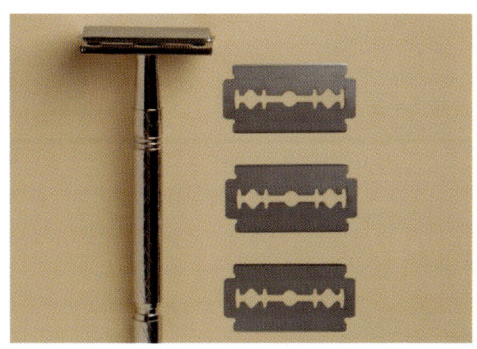

이리듐 합금은 마모나 부식에 강해서 면도날에 사용한다.

오스뮴 이리듐 합금은 나침반 베어링에 사용한다.

국제 미터 바- 백금 이리듐 합금으로 만든 프로토타입 이다. 백금 이리듐 합금은 킬로그램 표준 원기와 미터 표준 원기 제작에 사용된다.

자동차 점화플러그 - 이리듐과 로듐 합금은 내열성이 뛰어나 자동차 엔진의 점화플러그 전극으로 사용한다.

X-선 망원경 거울 - 금과 이리듐이 반사물질로 코팅되어 있다.

78 백금 (Platinum, Pt)

전이금속

원자 번호: 78
원자 질량: 195.08
상온에서: 고체. 은백색
녹는점: 1768℃ **끓는점:** 3825℃
발견: 고대부터 사용
이름: 스페인어 'platina (작은 은)'.
`자연 홑원소` `희소금속`
친한 원소: 고온에서 할로젠 원소. 산소. 황 등

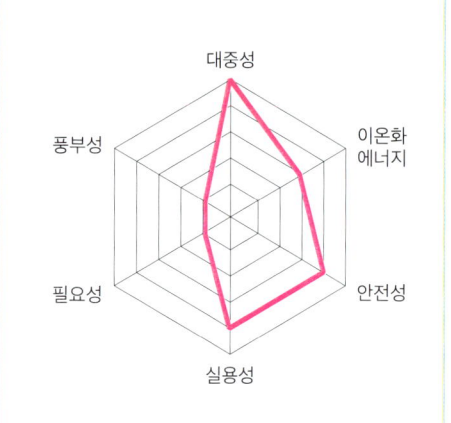

백금은 단단한 부드러운 은백색 금속으로 가장 반응성이 적어서 산화하지 않아 부식에 강하다. 금보다 희귀하고 더 값비싼 귀금속으로 지각에 적게 포함되어 있고 충적 퇴적물과 니켈 구리 광석 등에 존재하며 니켈, 구리를 추출할 때 부산물로 나온다.

고대부터 사용되어 온 금속으로 세계에서 가장 오래된 백금 가공품은 기원전 7세기경 고대 이집트 유적에서 발견된 작은 보관 상자이다. 백금은 아름다운 광택을 활용해서 동전, 장식품, 보석 제작에 사용하고 화학적으로 안정되어 촉매로 이용한다.

백금 수요량의 절반 가까이 자동차의 배기가스 정화 촉매로 사용하고 로듐 백금 합금은 질산을 만드는 암모니아 산화 반응의 촉매 외에도 석유 정제, 수소화, 탈수소, 산화 등의 촉매와 연료 전지 촉매 등에 사용한다. 녹는점이 높아 열에 강해서 전기 접점 및 전극, 고온용 온도계, 가열용기, 도가니 등 내열 제품에 쓰인다. 부드럽고 잘 늘어나서 아주 가는 철사나 얇은 박막으로 만들어 미사일 원뿔형 머리 부분을 코팅하고 반응성이 작아서 인공 심장박동기 같은 의료기기도 만든다. 백금과 구리 또는 아연

합금은 치과용 재료로 사용하고 백금이 첨가된 시스플라틴과 카보플라틴은 항암제로 종양의 성장을 억제한다.

보석 반지 - 백금은 아름답고 희귀하고 부식이 잘 되지 않는 최고의 귀금속이다.

토종 백금 덩어리 - 런던 자연사 박물관

NIST 국가 프로토타입 킬로그램 표준의 복제본 - 90% 백금, 10% 이리듐 합금으로 제작했다.

컴퓨터 하드 디스크 - 백금 금속은 저장된 자료의 밀도를 높이기 위한 용도로 컴퓨터 디스크 표면에 사용한다.

자동차 점화 플러그 - 백금의 반응성이 작아서 자동차의 점화플러그에 코팅한다.

자동차 배기가스 정화 장치 - 백금의 약 50%는 자동차 배기가스 정화장치인 촉매 변환기에서 일산화탄소와 탄화수소를 탄산가스와 물로 변화시키는 반응의 촉매로 사용한다.

79 금 (Gold, Au)   전이금속

원자 번호: 79
원자 질량: 196.97
상온에서: 고체. 황금색
녹는점: 1064℃ **끓는점**: 2856℃
발견: 고대부터 사용
이름: 인도유럽어 'ghel(빛나는)'
원소기호: 라틴어 'aurum(금)'.
자연 홑원소
친한 원소: 할로젠 원소. 루비듐. 칼륨 등

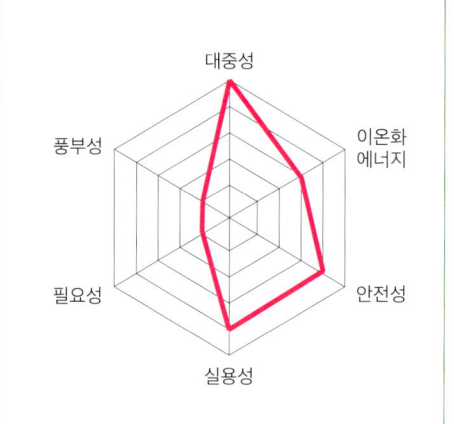

금은 부드럽고 잘 늘어나는 황금색 금속으로 화학적으로 매우 안정되어 부식되지 않는다. 지각에는 적은 양이 존재하고 사금이나 금광석에서 얻어진다. 초신성이 폭발할 때 우주에서 만들어지는데 현재 지구상에 존재하는 금과 백금은 약 40억 년 전에 거대 운석이 지구에 쏟아져 내릴 때 생긴 것이라는 설이 있다.

역사상 가장 귀중한 금속으로 고대부터 값비싼 장식품과 화폐로 사용된 부의 상징이다. 중세시대에는 금을 만들려는 연금술이 유행해서 화학의 발전을 가져오기도 했다.

금은 전기 및 열 전도성이 매우 뛰어나서 전자부품 단자나 컴퓨터 집적 회로, 프린트 기판, 기판의 핀과 반도체 칩에 사용되는 가는 연결 도선 등에 사용하고 적외선을 잘 반사해서 고층 빌딩 유리창이나 인공 위성 표면에 코팅한다. 올림픽 금메달이나 금화를 만들고 금 나노 입자는 고대 색유리나 스테인드글라스에 사용했지만 현재는 전자 현미경에 사용한다. 독성이 없어서 의료 분야에서 치과 치료용 재료나 영상진단 조영제, 암 치료, 약물 전달 등으로 사용한다.

버려진 폐가전 속에 귀금속들이 들어 있어서 도시광산이라고 하는데 그 속에서 금을 재사용하는 방안이 연구되고 있다.

금목걸이 - 24K는 순금 100%로 부드러워 작은 충격에도 모양은 변하지만 색깔이나 성질은 변하지 않는다.

국보 금관총 금관 - 금을 늘여서 얇은 금판을 만든 후 오려서 만들었다.

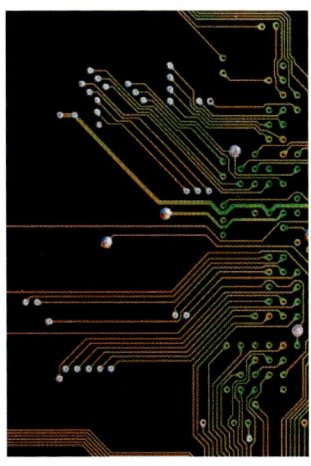

인쇄회로기판 - 금이 좋은 전기전도체이며 부식되지 않아서 회로에 금선을 사용한다.

금반지 14K. - 순금은 너무 부드러워 은, 구리, 니켈, 백금 등과 섞어서 합금으로 이용한다. 14K는 금과 다른 금속 비율이 14 : 10 이다.

우주 유영 중인 우주비행사 - 우주비행사의 선바이저도 금 코팅이 되어 태양광을 차단한다.

에우크라티데스 1세의 금화 - 고대에 주조된 것으로 알려진 가장 큰 금화이다.

80 수은 (Mercury, Hg)

전이후금속

원자 번호: 80
원자 질량: 200.59
상온에서: 액체. 은회색
녹는점: -39℃ 끓는점: 357℃
발견: 고대부터 사용
이름: 로마 신화 'mercurius'.
원소기호: 라틴어 'hydragyrum(액체 은)'
자연 홑원소
친한 원소: 수소. 할로젠 원소, 탄소, 산소족 등

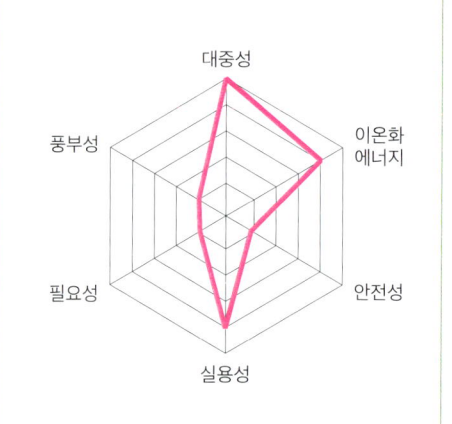

    수은은 금속원소 중 상온에서 유일하게 액체 상태인 은회색 원소로 표면 장력이 아주 크다. 모든 금속 중에서 전기 전도도와 열 전도도가 가장 낮으며 황화수은으로 이루어진 붉은색 광물인 진사에서 얻는다. 일곱가지 고대 금속 중 하나로 신석기 시대부터 사용되어왔는데 진사는 주홍색 염료로 볼연지, 인주, 한방약 등에 사용했다.

    수은은 오랫동안 기압계나 온도계에 사용되었으며 아직도 기압의 단위로 mmHg를 사용하고 있다. 수은은 대부분 금속과 합금을 만들어 사용하는데 이를 아말감이라 한다. 납, 주석과의 합금은 거울로 사용하고 아연이나 카드뮴과 합금은 전지에 사용하고 은이나 주석과의 합금은 치과 치료에 사용했다. 수은등이나 형광등에는 수은 가스를 사용하고 수은화합물은 머큐로크롬 소독약, 이뇨제, 연고 등 의료용으로도 사용한다.

    수은이 체내에 들어오면 신경계가 손상되고 떨림, 발열, 구토 등 중독 증상을 일으키는데 미나마타병도 공장 폐수에 포함되어 있던 수은 때문이었다. 이런 수은의 독성 때문에 점차 사용을 줄이고 대체제를 찾고 있다.

미국 네바다에서 발견된 진사, 수은 광석.

진사의 증류장치, 알키미아, 1570 - 진사광석을 구우면 순수한 수은이 황과 분리되어 증발하여 식으면서 액체 수은을 얻을 수 있다.

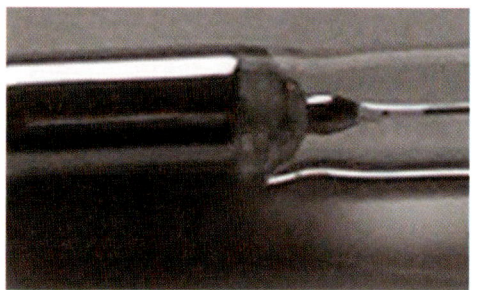

수은 온도계의 끝부분 - 상온에서 액체이고 표면장력이 커서 수은을 온도계에 이용했지만 현재는 독성 때문에 알코올 등 다른 물질로 대체하고 있다.

수은등 - 전류가 흐르면 수은 가스가 방전되면서 만든 자외선이 램프의 형광물질을 발광하게 한다.

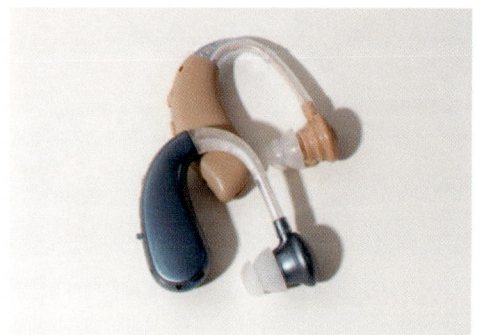

보청기 - 수은전지는 20세기 중반에 널리 사용된 일차전지로 수명이 길고 전압을 일정하게 유지할 수 있어서 보청기나 카메라 측광기에 사용되었다.

81 탈륨(Thallium, Tl)

전이후금속

원자 번호: 81
원자 질량: 204.38
상온에서: 고체. 은백색
녹는점: 304℃ 끓는점: 1473℃
발견: 1861년 크룩스와 라미
이름: 그리스어 'thallos(초록색 작은 가지)'

자연 화합물 희소금속

친한 원소: 산소. 수소. 황. 할로젠 원소 등

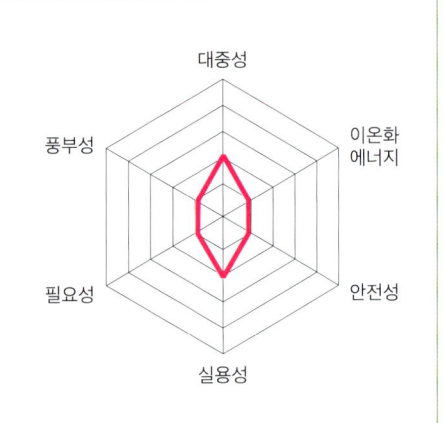

탈륨은 은백색 금속으로 가위로 잘릴 정도로 무르고 공기 중에서 쉽게 산화되어 검게 변해 석유 속에 보관한다. 탈륨 광석은 희귀해서 대부분 구리와 아연 제련의 부산물로 얻는다.

탈륨은 매우 독성이 강해서 독약으로 사용하거나 쥐약, 살충제로 사용했으나 현재는 금지되어 있다. 수은과 합금은 녹는점이 약 -60도나 되어 극한지에서의 기온측정용 온도계로 사용한다.

탈륨은 광학적 특성을 강화하여 고굴절 렌즈나 고밀도 유리, 적외선 검출기 렌즈, 반도체 제작에 사용하고 불꽃 반응색이 초록이라 불꽃놀이, 모조 보석 등에도 사용했으나 독성 때문에 대체품

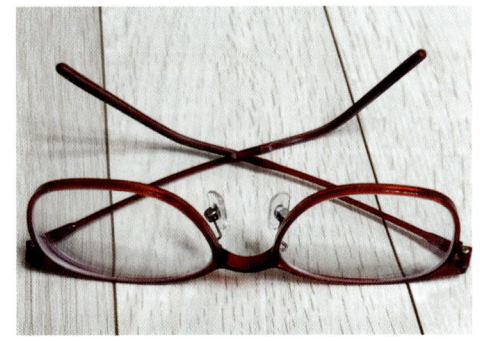

안경 - 탈륨은 고굴절 렌즈를 만드는 데 사용하는데 고굴절 렌즈로 만들면 안경의 두께가 얇아진다.

으로 바꾸고 있다.

탈륨 이온은 칼륨 이온과 유사해서 인체 내에 흡수되면 칼륨 이온 작용을 방해하여 중추신경계가 손상되며 구토, 통증, 탈모 등의 중독 증상이 나타나고 심할 경우 사망에 이른다. 하지만 방사성 동위원소 탈륨 201은 심장질환을 진단하기 위해 사용한다.

볼로미터 - 우주 마이크로파 배경 복사를 측정하기 위한 거미줄 볼로미터로 셀레나이드 탈륨은 적외선 감지를 위한 볼로미터에 사용한다.

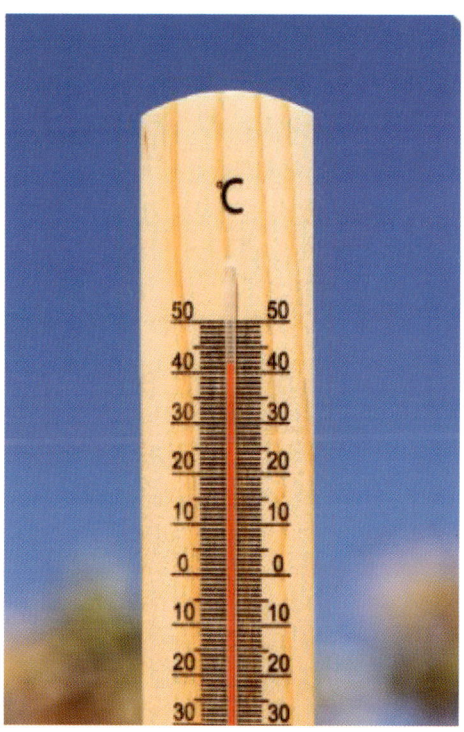

온도계 - 수은과 탈륨 합금은 녹는점이 약 -60도가 되어 극한지에서 기온 측정용 온도계와 저온 스위치로 사용한다.

광저항기 - 탈륨황화물은 적외선 노출 정도에 따라 전기 전도도가 달라져서 광저항기에 유용하다.

82 납 (Lead, Pb)

전이후금속

원자 번호: 82
원자 질량: 207.20
상온에서: 고체. 은색
녹는점: 327℃ **끓는점:** 1749℃
발견/이름: 고대부터
이름: 앵글로색슨어 'lead(납)'
원소기호: 라틴어 'plumbum(납)'
`자연 화합물`
친한 원소: 산소. 수소. 탄소. 황. 셀레늄. 할로젠 원소 등

납은 부드럽고 잘 늘어나는 밝은 은색 금속으로 녹는점이 낮아 가공하기 쉽다. 납은 인류가 구리나 철과 함께 가장 오래전부터 이용해 온 금속 중 하나로 방연석에서 추출한다. 납의 산화물은 다양한 색이 있어서 고대 이집트 여인들은 황화납으로 검은색 마스카라를 바르고 식기의 유약이나 선체 도료, 빨간색 안료 원료인 연단 등으로 사용했으나 납 중독 위험성 때문에 현재는 사용하지 않는다. 납과 주석 합금은 땜납으로 사용했으나 최근은 납 없이 무연 땜납을 사용한다.

납은 부식에 강하고 산과 염기에 쉽게 반응해서 자동차 배터리인 축전지, 총알, 낚싯돌이나 배에 사용하는 추, 배를 안정시키는 밸러스트 등에도 사용하고 X-선을 흡수하는 성질이 있어서 X-선 촬영할 때 보호복, 원자로 차단재, 핵폭탄 방공호 내벽 보호재 등으로 사용한다. 납유리는 투명하고 굴절률이 높고 가공성이 좋아서 유리, 광학렌즈 등에 사용한다.

납의 불꽃반응

로마시대 납 주괴, 스페인 카르타젠 광산

자동차 배터리 - 납축전지로 되어 있다. 납축전지는 가장 오래된 2차전지로 출력이 크고 가격이 저렴하다.

땜납 - 녹는점이 낮아 전자기기 배선이나 구조물 납땜부에 사용한다.

복, 고려활자 - 복 활자는 구리 50.9%, 주석 28.5%, 납 10.2%로 이루어진 합금이다.

납 벽돌 - 4% 안티몬과 X-선을 흡수하는 납 합금으로 방사선을 막는 데 사용한다.

83 비스무트(Bismuth, Bi)

전이후금속

원자 번호: 83
원자 질량: 208.98
상온에서: 고체. 은백색
녹는점: 271℃   끓는점: 1564℃
발견: 1753년 조프루아
이름: 라틴어 'bisemutum(녹다)'
자연 화합물
친한 원소: 산소. 황. 할로젠 원소 등

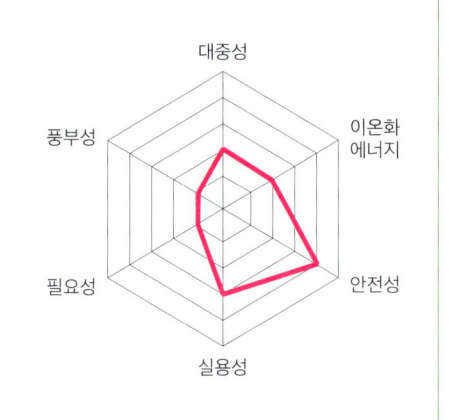

비스무트는 부드러운 은백색 금속으로 열과 전기 전도도가 낮고 부서지기 쉬워 대부분 다른 금속과 합금하여 사용한다. 창연석과 휘창연석에서 얻을 수 있다.

비스무트는 무지개색으로 보이기도 하는데 표면에 덮인 산화 피막에 박막 간섭이 일어나기 때문이다. 특정 조성의 비스무트 합금은 약 70℃로 녹는점이 낮아서 자동차 및 항공 산업 그리고 화재경보기 살수 장치의 온도 감지 모듈이나 퓨즈, 압력용기 안전밸브로 사용한다.

비스무트는 성질이 납과 비슷한데 환경 오염 문제가 없고 독성이 없어서 땜납, 총탄, 낚싯돌 등의 납 대체 재료로 사용한다. 비스무트 화합물은 화장품과 안료, 위궤양 및 십이지장 궤양, 장염, 피부 질환 등의 치료약으로 사용한다.

비스마이트 광물 - 비스무트의 중요 광석이다.

비스무트 산화물 분말 - 용의 알 불꽃놀이에 사용한다.

비스무트 바나데이트 - 노란색 안료로 사용한다.

비스무트 텔루라이드의 단결정 - 층상 반도체로 발전이나 냉각 등에 사용되는 열전 재료이다.

펩토 비스몰의 일반 버전, 뒷모습 - 속 쓰림과 설사 치료약에 사용하는 비스무트 화합물이다.

스프링클러 - 화재경보기 살수 장치의 온도 감지 모듈은 녹는점이 낮은 비스무트와 인듐, 카드뮴, 납 합금으로 일정온도가 되면 녹아버린다.

84 폴로늄 (Polonium, Po)

 준금속

원자 번호: 84
원자 질량: [210]
상온에서: 고체. 은백색
녹는점: 254℃ 끓는점: 962℃
발견: 1898년 퀴리부부
이름: 폴란드

자연 방사성 원소

친한 원소: 산소. 베릴륨. 칼슘. 나트륨. 니켈. 아연. 할로겐 원소.

폴로늄은 천연으로 얻은 최초의 방사선 원소로 가장 독성이 강한 매우 희귀한 원소이다. 우라늄 광석에 자연 상태의 폴로늄이 소량 들어 있다. 폴로늄은 반감기가 짧아서 지구 초기에 존재했던 폴로늄 원소는 이미 오래 전에 붕괴되고 우라늄이 붕괴하면서 새롭게 만들어진다.

폴로늄210은 우라늄의 100억 배에 달하는 알파선을 방출하여 알파선 선원으로 이용한다. 폴로늄이 방사성 붕괴하면서 방출되는 에너지로 열이 발생하여 인공 위성과 우주 탐사선의 원자력 전지

폴로늄 연료 SNAP-3 방사성 동위원소 열전 발전기 (RTG)와 헬륨4 붕괴 생성물용 환기관이 오른쪽에 있다. 1958년 마운드 연구소에서 만들어졌다. 우주에서는 비행하지 않았지만 238플루토늄 SNAP-3B 버전은 1961년 6월 29일 발사된 최초의 우주 RTG인 해군 통과 항행 위성에 탑재되어 있었다.

의 열원으로 쓴다. 베릴륨과 합금은 휴대용 중성자선원으로 이용하고 엔진 점화 플러그나 사진 필름용 정전기 제거 브러시에 사용한다.

폴로늄은 폐암의 주원인으로 인체 내부 장기와 조직을 손상시킨다.

담배 - 인산염 화학비료를 사용하는 담배에서 폴로늄이 발견되었다.

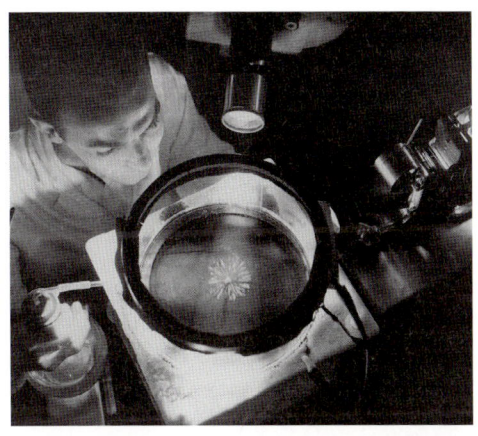

한 물리학자가 구름 챔버에서 폴로늄 공급원의 붕괴로부터 알파 입자를 관찰하고 있다. - 폴로늄은 알파 입자의 소스로 사용된다.

우주 박물관(모스크바)의 Lunokhod 1 모델 - 폴로늄을 탐사기 내부 부품을 따뜻하게 유지하기 위한 열원으로 사용한다.

85 아스타틴 (Astatine, At)

 할로젠 원소

원자 번호: 85
원자 질량: [210]
상온에서: 고체. 검은색(추정)
발견: 1940년 세그레, 코슨, 매켄지
이름: 그리스어 'astatos(불안정한)'
자연 방사성 원소
친한 원소: 수소. 나트륨. 은. 팔라듐. 할로젠 원소.

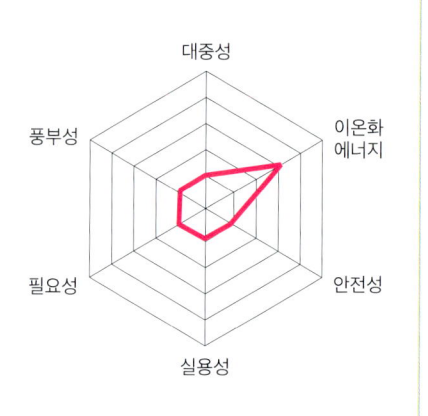

아스타틴은 할로젠 원소 중 유일한 방사성 원소로 자연에 아주 적은 양이 존재하는데 프랑슘과 함께 가장 희귀한 원소이다. 우라늄 광석에 포함된 다른 방사성 원소의 붕괴 생성물로 얻을 수 있지만 상태가 매우 불안정하여 많은 에너지와 열을 방출하면서 금방 붕괴한다.

1940년에 캘리포니아 대학교의 사이클로트론을 통해 비스무트에 헬륨 이온을 충돌시켜 인공적으로 만들어낸 방사성 원소이다. 수명이 가장 긴 아스타틴 210도 반감기가 약 8.1시간으로 실험 도중 붕괴되어 다른 원소로 변할 정도로 수명이 짧아 그 화학적 성질에 대해 거의 밝혀지지 않았다. 다만 아스타틴은 강한 알파선을 방출하여 방사선 추적자로 쓰이고 암치료제로 사용될 가능성이 있다. 그래서 암세포와 결합하기 쉬운 아스타틴 화합물을 개발하는 연구가 진행되고 있다.

에밀리오 세그레 - 아스타틴 발견자 중 한 명이다.

86 라돈 (Radon, Rn)

 비활성기체

- 원자 번호: 86
- 원자 질량: [222]
- 상온에서: 기체. 무색
- 녹는점: -71℃ 끓는점: -62℃
- 발견: 1899년 러더퍼드. 오웬스. 퀴리 부부
- 이름: 'radium emanation(라듐에서 방출되는 것)'
- 자연 방사선 원소
- 친한 원소: 산소, 플루오린

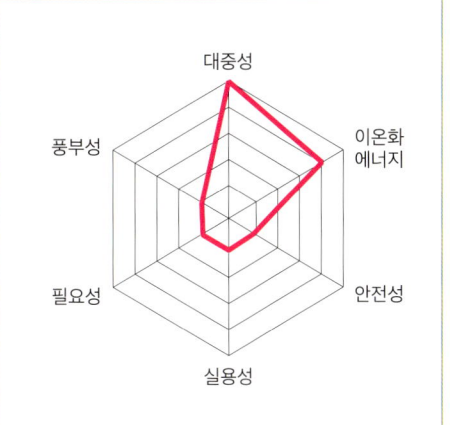

라돈은 기체 상태로 존재하는 방사성 원소로 반응성이 낮고 무색무취에 반감기가 짧다. 자연적으로 계속 다른 방사성 원소의 붕괴로 만들어지는데 특히 라듐이 붕괴하면서 생성된다. 상온에서 기체인 원소 중 가장 무거우며 공기보다 8배나 무겁다.

공기가 잘 안 통하는 곳에서는 라돈이 쌓여서 호흡을 통해 체내로 들어와 폐암에 걸릴 수 있다.

라돈은 암치료나 비파괴검사 등에 사용되었으나 현재는 코발트 등 다른 물질을 사용한다. 라돈의 농도 변화를 관측해서 지각 변동과 지진 예측 연구를 진행하고 있다.

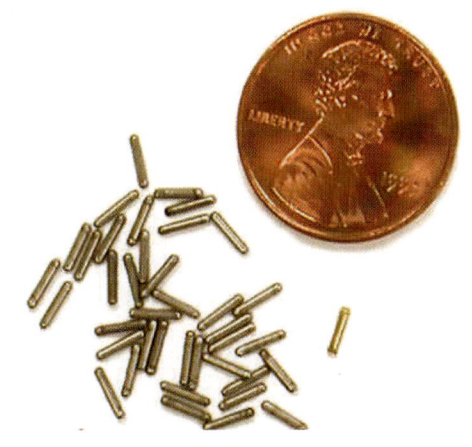

근접치료에 사용하는 라돈 함유 종자 - 금 씨앗 속에 라돈이 들어서 암 치료에 사용한다.

건물 안으로 라돈이 유입되는 과정이다.

라돈 가스 검출장치 - 공기 중 라돈 농도를 측정한다.

87 프랑슘 (Francium, Fr)

 알칼리금속

원자 번호: 87
원자 질량: [223]
상온에서: 고체. 은백색(추정)
녹는점: 27 ℃
발견: 1939년 페레
이름: 프랑스 'France'
자연 방사성 원소
친한 원소: 할로젠 원소 등

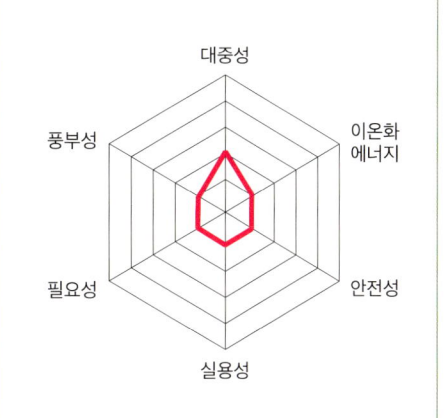

프랑슘은 알칼리 금속 중 가장 무겁고 모든 원소 중에 전기음성도도 가장 낮고 녹는점도 낮다. 지구상에는 우라늄과 토륨 광석에 극히 미량이 함유되어 있고 악티늄이 붕괴하는 과정에서 프랑슘이 발생한다. 추출과 분리가 어려워 인공적으로 만들지만 워낙 불안정해서 연구가 어렵다 보니 밝혀진 정보도 적고 사용 분야도 알려진 바가 없다.

30종 이상의 동위원소가 모두 불안정하여 빠르게 붕괴하는데 가장 안정한 프랑슘 223도 반감기가 22분에 불과하다.

프랑슘은 주로 소립자 물리학 분야에서 실험용으로 소량 생산된다.

88 라듐 (Radium, Ra)

 알칼리토금속

- **원자 번호**: 88
- **원자 질량**: [226]
- **상온에서**: 고체. 백색
- **녹는점**: 700℃ **끓는점**: 1737℃
- **발견**: 1898년 퀴리 부부
- **이름**: 라틴어 'radius(방사)'
- 자연 방사성 원소
- **친한 원소**: 질소. 산소. 할로젠 원소 등

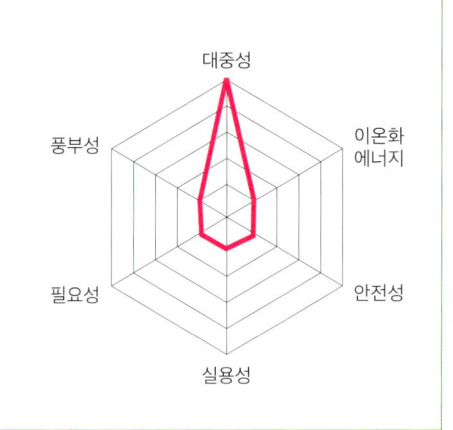

라듐은 방사성이 강하고 빛이 나는 밝은 흰색의 부드러운 금속이다. 라듐은 우라늄과 토륨이 방사선 붕괴하면서 생성된다. 우라늄 광석에 소량 포함되어 있고 라듐이 알파선을 방출하며 기체인 라돈을 발생시킨다. 라듐의 모든 동위원소는 불안정하여 빠르게 붕괴하며 반감기가 1600년으로 가장 긴 동위원소는 라듐 226이다. 우라늄의 250만 배의 감광작용을 한다.

라듐은 방사선 발광 도료로 시계와 계기판 등에 사용했고 방사선의 위험성을 모르던 1920년대에는 라듐 수, 라듐 비누, 건강 식품인 라듐 보틀 등 많은 라듐제품이 판매되었지만 현재는 라듐이 강력한 방사선을 뿜어내어 피폭되는 위험성 때문에 사용이 금지되어 다른 물질로 대체되었다. 오늘날에는 물리 실험실에서 중성자 생성에 사용하는 등 실험용으로 사용한다.

라듐을 실험하는 퀴리 부부, 앙드레 카스테뉴의 그림

라듐 226 작은 샘플

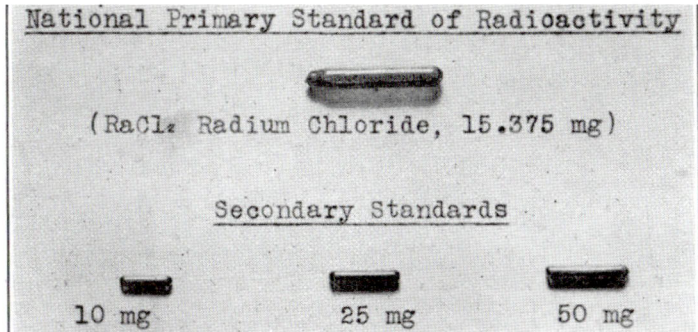

염화라듐 유리관.- 1927년 미국 방사능의 기본 표준으로 사용되던 미국 표준국 (Bureau of Standards)이 보관하는 염화라듐 유리관

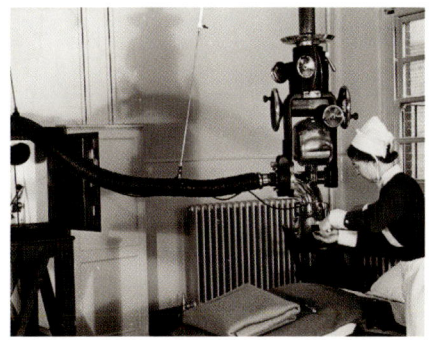

독일 체펠린 고도계 - 다이얼이 빛나도록 황화아연과 라듐을 섞은 라듐 페인트로 칠한 알루미늄 고도계이다

라듐 치료 - 1940년 영국 런던 병원의 라듐 치료 간호사가 라듐 치료 기구를 준비하고 있다.

89 악티늄 (Actinium, Ac)

 악티늄족

원자 번호: 89
원자 질량: [227]
상온에서: 고체. 은백색
녹는점: 1051℃ 끓는점: 3198℃
발견: 1899년 드비에른
이름: 그리스어 'aktinos(광선)'
자연 방사성 원소
친한 원소: 산소. 황. 할로젠 원소 등

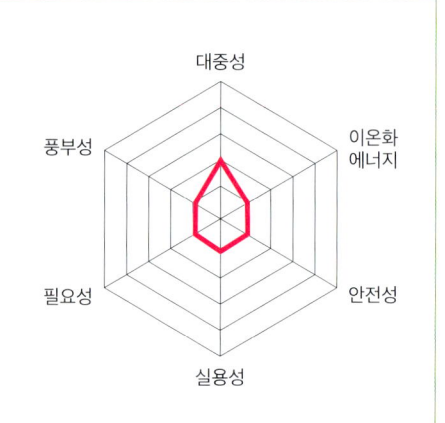

악티늄은 부드러운 은백색 금속으로 강한 방사능을 가져 어둠 속에서 파랗게 발광한다. 첫 번째 악티늄족 원소로 89번 원소부터 103번 원소까지 악티늄족 원소라고 한다.

악티늄은 우라늄 광석에 불순물로 함유되어 지구상에 매우 적은 양만 존재하는데 우라늄 광석 1t에 악티늄 약 0.2mg이 들어 있을 정도로 적은 데다 분리가 어려워 인공적으로 합성한다. 원자로 내에서 라듐에 중성자를 충돌시켜 생성한다.

악티늄은 주로 과학 연구를 위해 소량 생산되고 악티늄225는 반감기가 10일 정도로 비교적 빠르게 붕괴되며 아주 가까운 조직에만 영향을 줘서 암치료에 이용하기도 한다.

90 토륨 (Thorium, Th)

악티늄족

- **원자 번호**: 90
- **원자 질량**: 232.04
- **상온에서**: 고체. 은백색
- **녹는점**: 1750℃ **끓는점**: 4788℃
- **발견**: 1828년 베르셀리우스
- **이름**: 북유럽 신화 천둥의 신 'Thor'
- 자연 방사성 원소
- **친한 원소**: 산소, 황, 셀레늄, 텔루륨, 할로겐 원소 등

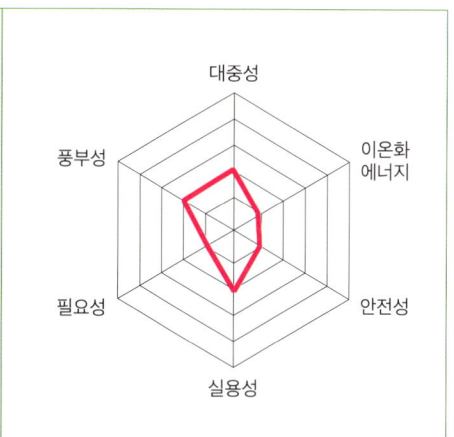

토륨은 은백색 금속으로 자연에 존재하는 방사성 원소이다. 악티늄족 원소 중 지각에 가장 풍부하지만 그래도 희귀하다. 수십억 년 전에 초신성이 폭발하면서 만들어진 원소로 아직까지 남아 있는 두 가지 악티늄 계열 원소 중 하나이며 반감기가 140억년이다. 공기 중에서 안정적이며, 물과 반응하지 않는다.

토륨은 가스 램프의 맨틀 제조에 사용되는데 내화성이 뛰어나고 가스 불꽃으로 강렬히 발광한다. 토륨 산화물은 녹는점이 아주 높아 열에 강한 세라믹, 우주선 합금, 용접용 전극, 도가니용 재료로 사용한다. 방사능이 있어서 현재는 거의 사용되지 않는다.

우라늄보다 매장량도 많고 반감기도

카메라 렌즈 - 토륨 산화물을 유리에 첨가하면 굴절률이 높아지고 분산도 줄어서 카메라 및 광학 기기의 고품질 렌즈에 사용한다. 이후 란탄으로 대체되었다.

길고 에너지도 많이 발생하는 데다 자체적으로 연쇄 핵분열을 일으키지 않아 안전하여 원자력 발전의 차세대 연료로 주목되고 있다.

미사일 - 2017년 8월 22일, 괌 해안에 정박한 USS 코로나도호의 미사일 갑판에서 작살 미사일이 발사되고 있다. 마그네슘 토륨 합금은 가볍고 높은 온도에서도 강해서 항공기 엔진, 로켓, 미사일 등에 사용한다.

용접에 사용하는 텅스텐 전극에 산화토륨이 함유되어 수명이 길고 저항이 높다.

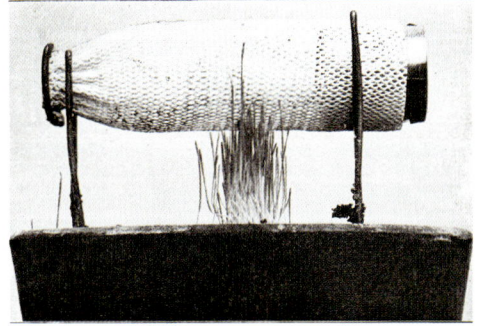

티모시 그래스 씨앗의 발아와 성장에 대한 방사선(연소되지 않은 토륨 가스 맨틀에서)의 영향에 대한 실험. 가스 맨틀에 발광제로 섞인 산화토륨은 내화성이 좋고 가스 불빛이 강하게 발광한다.

91 프로트악티늄 (Protactinium, Pa) 악티늄족

원자 번호: 91
원자 질량: 231.04
상온에서: 고체. 은백색
녹는점: 1572℃ 끓는점: 4000℃
발견: 1918년 마이트너, 한
이름: 그리스어 'protos(앞의, 제 1의)'
자연 방사성 원소
친한 원소: 산소. 알칼리 금속. 할로젠 원소 등

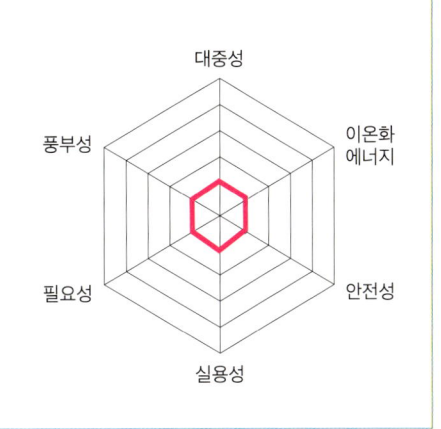

프로트악티늄은 은백색 금속으로 자연에 존재하는 방사성 원소이다. 지각에서는 우라늄 광석에 미량 함유되어 있다. 우라늄 광석에 우라늄의 분열 중간생성물로 포함되어 있고 원자로 내에서 우라늄을 생산할 때 토륨이 붕괴하면서 생성된다. 프로트악티늄이 알파 붕괴하면 악티늄이 생성된다. 방사능이 강하면서 존재량은 적어서 산업에서는 이용하기 어렵다. 반감기가 길어서 지질이나 해저퇴적물의 나이를 측정하는 방사성 연대 측정에 이용하고 주로 연구용으로 사용한다.

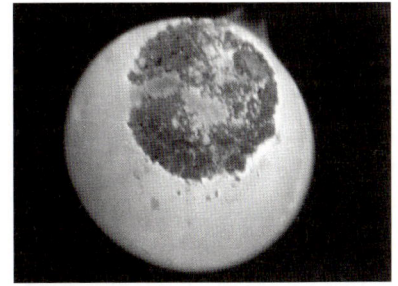

프로트악티늄 샘플 - 자체 방사능으로 빛이 난다.

열이온화 질량측정기 - 방사성 핵종의 동위원소 비율을 정확하게 분석하여 방사성 연대측정에 사용한다. 프로트악티늄 231은 해양퇴적물 연대측정법에 사용한다.

92 우라늄 (Uranium, U)

 악티늄족

원자 번호: 92
원자 질량: 238.03
상온에서: 고체. 은백색
녹는점: 1135℃ **끓는점:** 4131℃
발견: 1789년 클라프로트
이름: 1781년 발견된 행성인 천왕성 'Uranus'
자연 방사성 원소
친한 원소: 비금속 원소, 할로젠 원소

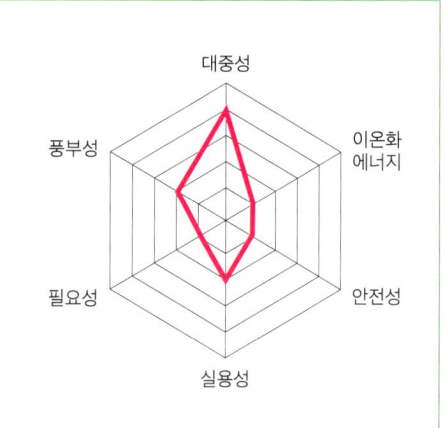

우라늄은 은백색 금속으로 독성이 크고 지각 중에 우라늄 광석에 존재하고 바닷물에 미량 존재한다.

수백 년 동안 우라늄 광석을 채광하여 도자기 유약이나 유리를 노란색으로 착색하는 데 사용했다. 우라늄 유리는 자외선을 받으면 형광으로 발광한다.

우라늄은 납보다 밀도가 높고 다른 금속과 합금하여 X-선 장비의 차폐용 재질이나 군사용 장갑이나 포탄에 사용한다. 열화우라늄탄은 장갑차도 뚫을 만큼 강력하다. 우라늄은 핵분열하면서 에너지를 방출하여 원자로에 핵연료로 사용한다. 핵무기로도 사용하여 농축된 우라늄의 핵분열 연쇄반응을 한순간에 일으켜 막대한 에너지를 방출시킨다. 1945년 일본 히로시마에 떨어진 원자폭탄인 리틀보이도 농축우라늄으로 만든 핵폭탄이다.

고농축 우라늄 - Y-12 국가 안보 단지 공장에서 처리된 고철에서 회수된 고농축 우라늄

M1 에이브럼스 탱크 - 차체 전면과 포탑 전면에 장갑판 일부로 열화우라늄을 사용한다. 열화우라늄 탄환은 전차나 장갑을 뚫을 수 있는 관통자로 사용한다.

원자력 발전소 - 우라늄 235는 원자력 발전소의 전기 생산 원료로 사용한다.

우라늄 화합물은 가죽과 나무를 염색하는 데 사용한다.

육불화우라늄 - 천연 우라늄에서 우라늄-235를 분리하는 데 사용되는 공급 원료다.

205

93 넵투늄 (Neptunium, Np)

초우라늄족

원자 번호: 93
원자 질량: (237)
상온에서: 고체. 은색
녹는점: 644℃ 끓는점: 4000℃
발견: 1940년 맥밀런, 에이벌슨
이름: 해왕성 'Neptune'
자연 방사성 원소
친한 원소: 비금속 원소, 할로젠 원소

넵투늄은 우라늄에 중성자를 충돌시켜 만든 은색 방사성 금속 원소로 우라늄보다 무거운 초우라늄 원소 중 첫 번째 원소이다.

93번부터 118번까지 원소가 초우라늄 원소로 인공적으로 합성된다. 93번부터 98번 원소는 천연 우라늄 광석에서 아주 적은 양이 존재하는 것을 확인했다. 넵투늄은 천연으로도 우라늄석에 소량 함유되어 있고 우라늄 연료의 부산물로 생성된다. 일반적으로 원자력 발전의 사용 후 핵연료로부터 얻는데 약 20종의 동위원소가 있다.

넵투늄은 고에너지 중성자 검출 장치와 핵무기 연료로 우주 탐사선 등에 사용하는 원자력 전지의 재료인 플루토늄을 만드는 데 사용한다.

넵투늄 237 구체 - 반감기가 214만 년이나 된다.

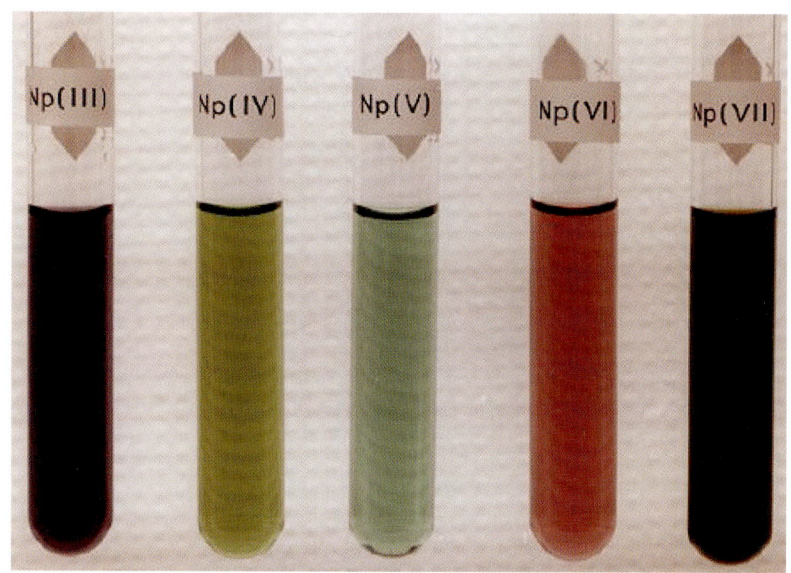

넵투늄 이온 용액 - 넵투늄은 수용액에서 5가지 산화상태를 나타낸다.

초우라늄 원소인 넵투늄을 처음으로 발견한 에이벌슨과 맥밀런

94 플루토늄(Plutonium, Pu)

 초우라늄족

원자 번호: 94
원자 질량: (244)
상온에서: 고체. 은백색
녹는점: 640℃ 끓는점: 3228℃
발견/이름: 1940년 시보그, 케네디, 월
이름: 명왕성 'Pluto'

인공 방사성 원소

친한 원소: 수소, 탄소, 규소. 질소. 할로젠 원소 등

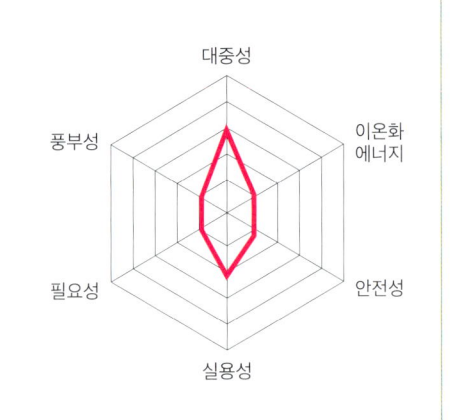

플루토늄은 은백색의 방사성 금속원소로 반응성이 커서 진공이나 비활성 기체에 보관한다. 천연으로도 우라늄석에 아주 미량이 함유되어 있다. 원자로에서 인공적으로 우라늄에 중수소 원자핵을 충돌시켜 만든 방사성 원소이다. 반감기가 긴 동위원소의 반감기는 8080만 년이다.

우라늄보다 농축하기 쉽고 강한 방사능과 파괴력을 가지고 있어서 핵무기에 이용되므로 인공적으로 만들어지는 원소 중에서 가장 생산량이 많다.

플루토늄은 원자력 발전의 핵연료와 원자력 전지의 에너지로 사용하며 작고 가볍고 수명이 길어서 인공위성용 전지나 인공심박조율기 등에 탑재한다.

플루토늄 - 은빛의 무겁고 단단한 금속으로 알파 입자가 방출하면서 내는 열로 따뜻하다.

하지만 방사성이 붕괴하는 맹독성 물질로 체내에 쌓이면 암을 유발하고 흡입할 시에는 폐암이나 골육종을 일으킬 가능성이 높은 위험한 원소이다.

팻 맨 모형 - 1945년 일본 나가사키에 투하된 원자폭탄으로 핵분열 물질로 플루토늄을 사용했다.

보이저 1호 - 작고 가볍고 수명이 긴 플루토늄 전지를 탑재했다.

방사성 동위원소 열전기 발전기(RTG) 모형 - 압착된 플루토늄 산화구체가 들어 있는 발전기로 보이저 1호에 전력을 공급한다.

95 아메리슘 (Americium, Am)

 초우라늄족

- **원자 번호**: 95
- **원자 질량**: (243)
- **상온에서**: 고체. 은백색
- **녹는점**: 1176℃ **끓는점**: 2011℃
- **발견**: 1944년 시보그, 모건, 제임스, 기오르소
- **이름**: 미국 'America'
- **인공 방사성 원소**
- **친한 원소**: 산소. 황. 셀레늄. 할로젠 원소 등

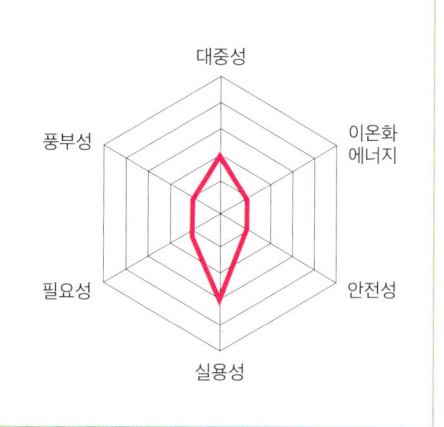

아메리슘은 부드럽고 잘 늘어나는 은백색의 금속으로 공기 중에서 천천히 산화한다. 플루토늄에 중성자를 충돌시켜 만든 방사성 원소로 1944년에 미국의 시보그 연구진이 합성했는데 제2차 세계대전 중이라 기밀에 부쳤다가 전쟁이 끝난 후 1945년에 공표되었다. 아메리슘은 화재경보기 중 이온화식 연기 감지기에 사용되는데 평소에는 전류가 흐르다가 연기가 들어오면 전류가 감소하면서 이를 감지하여 경보가 울린다. 초우라늄 원소 중 우리 일상생활에 사용이 되는 유일한 원소이다.

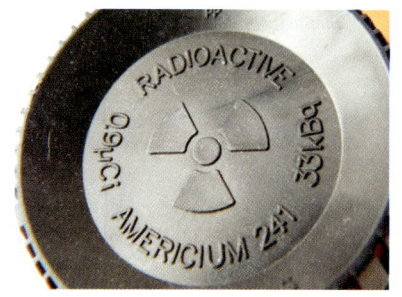

연기 감지기에 있는 아메리슘 용기 - 연기가 들어오면 전류가 변해서 이를 감지한다. 현재는 광전식 연기 감지기를 많이 사용한다.

아이비 마이크 핵폭발 - 미국 첫 수소폭탄 핵실험 잔해에서 아메리슘이 검출되었다.

96 퀴륨 (Curium, Cm)

 초우라늄족

원자 번호: 96
원자 질량: (247)
상온에서: 고체. 은백색
녹는점: 1340℃ **끓는점**: 3110℃
발견: 1944년 시보그, 제임스, 기오르소
이름: 퀴리부부
인공 방사성 원소
친한 원소: 산소, 질소. 할로젠 원소 등

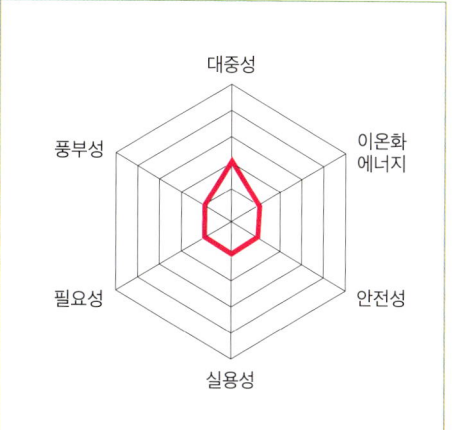

퀴륨은 단단한 은백색 금속으로 반응성이 비교적 크고 어두운 곳에서 자주색으로 빛난다. 플루토늄에 α입자를 충돌시켜 만든 방사성 원소로 강한 방사성 붕괴를 하는 위험한 원소이다. 1944년에 미국의 시보그 연구진이 합성했는데 제2차 세계대전 중이라 기밀에 부쳤다가 전쟁이 끝난 후 1945년 11월에 공표되었다. 퀴륨은 열에너지를 방출하기 때문에 원자력 전지의 열에너지원으로 인공심박조율기나 인공위성 등을 비롯해 암석성분 원소의 구성이나 비율 등을 구할 수 있는 α입자 X-선 분광계에 이용한다.

2004년 화성탐사기 오퍼튜니티에 분석장치로 탑재되어 발견된 운석 등을 분석하는 데에도 이용되었다.

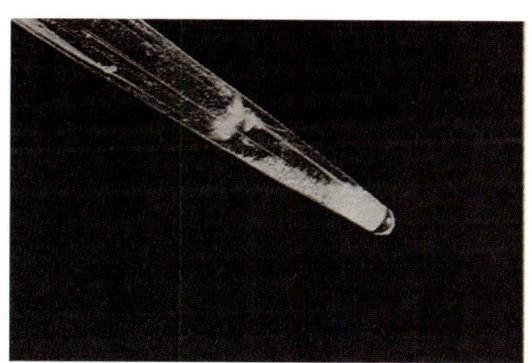

1947년 세계 최초로 분리한 퀴륨 화합물 - 마이크로원심분리기 원뿔 바닥에 수산화퀴륨이 가라앉아 있다.

211

퀴륨은 체내에서 간, 폐, 뼈 등에 축적되어 암을 유발한다.

현재는 더 안전하고 효과적인 방사성 원소로 대체되었다.

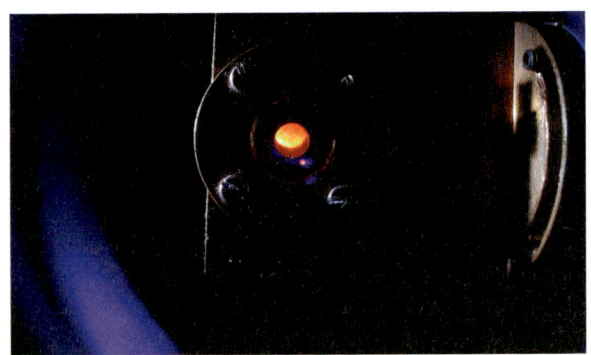

용액 내에 레이저 유도된 퀴륨 형광

화성 탐사 로버의 α입자 X-선 분광계 - 퀴륨을 알파 입자 소스로 사용한다. 화성과 달 표면에 있는 암석과 토양의 조성을 분석한다.

97 버클륨 (Berkelium, Bk)

 초우라늄족

원자 번호: 97
원자 질량: (247)
상온에서: 고체. 은백색
녹는점: 986℃ **끓는점:** 2627℃
발견: 1949년 시보그, 톰슨, 기오르소
이름: 캘리포니아 주 버클리 시
인공 방사성 원소
친한 원소: 산소, 수소, 황, 질소, 할로젠 원소 등

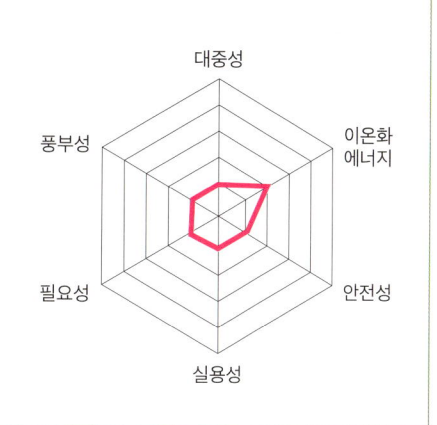

버클륨은 부드러운 은백색의 금속으로 공기 중에 표면이 산화되나 산화물 보호피막이 생겨서 천천히 산화한다.

아메리슘에 α입자를 충돌시켜 만든 방사성 원소로 합성하기 어렵고 매우 강하게 방사성이 붕괴하기 때문에 실용성이 거의 없다. 버클륨은 더 무거운 초우라늄 원소들을 합성하기 위한 표적 물질로 사용되고 있다.

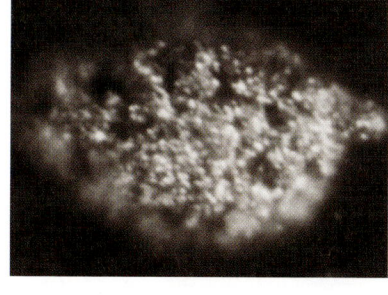

처음으로 분리된 버클륨 - 덩어리 너비는 100 μm이다.

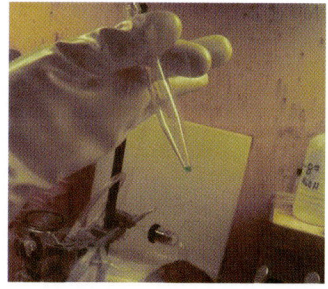

버클륨 표적 - 2009년에 정제된 버클륨은 테네신을 합성하는 데 사용되었다.

98 캘리포늄 (Californium, Cf)

 초우라늄족

원자 번호: 98
원자 질량: (251)
상온에서: 고체. 은백색
녹는점: 900℃
발견: 1950년 시보그, 톰슨, 기오르소, 스트리트
이름: 캘리포니아 주
인공 방사성 원소
친한 원소: 산소. 수소. 질소. 할로젠 원소 등

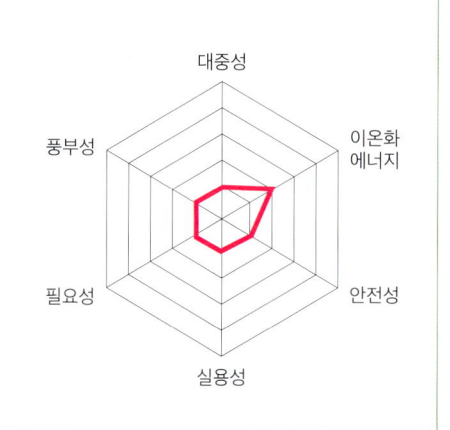

부드러운 은백색 금속인 캘리포늄은 퀴륨에 α입자를 충돌시켜 만든 방사성 원소로 실용적으로 사용되는 초우라늄 원소 중 하나이다. 캘리포늄은 중성자를 잘 방출해서 X-선 장치의 중성자 발생원으로 사용하고 중성자 항암치료에 이용하며 투과율이 뛰어나서 지하에 매장되어 있는 금속 광물의 탐사, 항공기 부품의 위험한 결함을 찾는데 사용된다. 자발적 핵분열로 원자로를 처음 가동할 때 사용하는 시동물질로도 사용되고 오가네손 원소 합성 등 다른 초우라늄 원소를 만드는 데에도 이용한다.

캘리포늄 금속 디스크 원반의 지름은 약 1mm이다.

금속탐지기 - 캘리포늄은 투과율이 뛰어나서 금속탐지기에 사용한다.

99 아인슈타이늄 (Einsteinium, Es)

 초우라늄족

원자 번호: 99
원자 질량: (252)
상온에서: 고체. 은백색
녹는점: 860℃
발견: 1952년 시보그, 톰슨, 기오르소, 하비 등
이름: 과학자 아인슈타인
인공 방사성 원소
친한 원소: 산소. 할로젠 원소 등

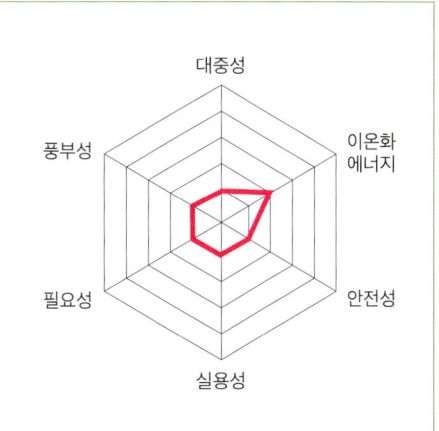

아인슈타이늄은 형광을 발하는 부드러운 은백색 금속으로 알파 입자를 방출하며 방사성 붕괴를 일으킨다. 우라늄에 질소이온을 충돌시켜 만든 방사성 원소인 금속 아인슈타이늄은 공기 중에 있는 산소, 물과 쉽게 반응한다. 1952년에 세계 최초의 수소폭탄인 아이비 마이크 핵실험에서 나온 방사성 낙진에서 처음 발견되었고 1954년 미국의 기오르소 연구팀이 합성에 성공했다. 아인슈타이늄을 사용하여 멘델레븀을 합성하였고 초우라늄 원소 생산을 위한 연구용으로만 한정되게 사용한다. 현재는 악티늄족 원소에 중성자를 흡수시켜 만든다.

석영 바이알 속 아인슈타이늄 - 아인슈타이늄이 어둠 속에서 파랗게 빛난다.

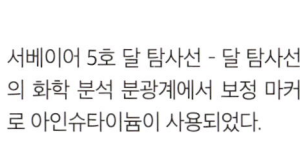

서베이어 5호 달 탐사선 - 달 탐사선의 화학 분석 분광계에서 보정 마커로 아인슈타이늄이 사용되었다.

100 페르뮴 (Fermium, Fm)

 초우라늄족

원자 번호: 100
원자 질량: (257)
발견: 1952년 톰슨, 기오르소, 하비 등
녹는점: 1527℃
이름: 과학자 페르미

인공 방사성 원소

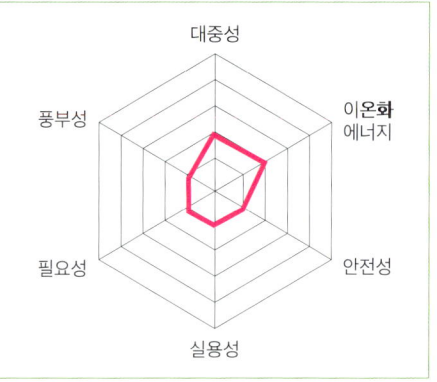

페르뮴은 빠르게 붕괴하는 방사성 원소로 우라늄에 질소이온을 충돌시켜 만든 방사성 원소이다. 1952년에 마셜 제도에서 이루어진 세계 최초의 수소폭탄 실험에서 나온 방사성 낙진에서 아인슈타이늄과 함께 처음 발견되었고 1954년에 미국의 기오르소 연구팀과 스웨덴 노벨물리학 연구소에서 합성에 성공했다. 원자로에서 얻을 수 있는 마지막 원소로 이후의 원소는 가속기 충돌로 만든다.

가장 안정적인 동위원소 페르뮴 257의 반감기도 약 100일 정도로 짧고 소량만 합성되기 때문에 연구용으로만 사용한다. 페르뮴 이후의 원소는 아직 순수한 금속이나 화합물을 얻지 못했다.

페르뮴과 이터븀의 합금 - 페르뮴의 승화 엔탈피를 측정하는데 사용한다.

엔리코 페르미 - 세계 최초로 원자로를 완성시킨 이탈리아 과학자로 그의 이름을 따서 페르뮴이라고 지었다.

101 멘델레븀 (Mendelevium, Md)

 초우라늄족

원자 번호: 101
원자 질량: (258)
발견: 1955년 시보그, 톰슨, 기오르소, 하비 등
이름: 과학자 멘델레예프

인공 방사성 원소

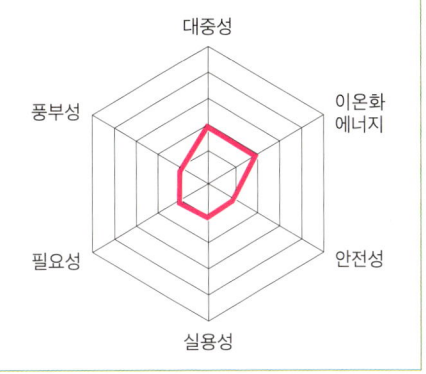

멘델레븀은 아인슈타이늄에 α입자를 충돌시켜 만든 방사성 원소로 일반적으로 지구상에 존재하지 않고 입자가속기를 이용해서 만든다. 101번 원소부터는 입자가속기에서만 원소 표적에 이온을 충돌시켜 만들어지기 때문에 101번 이후의 원소를 초페르뮴 원소라고 분류하기도 한다.

멘델레븀 원소는 연구용으로 만들어도 반감기가 짧고 생성되는 양도 적어서 자세한 물리적 화학적 성질은 밝혀지지 않았다.

캘리포니아대학 버클리 캠퍼스의 로렌스 방사선 연구소의 60인치 사이클로트론. 1939년 8월. 당시 세계에서 가장 강력한 입자가속기로 94번 플루토늄부터 다른 초우라늄 원소와 많은 방사성 동위원소를 발견했다.

멘델레예프 - 주기율표를 만든 러시아의 멘델레예프의 이름을 따서 멘델레븀이라고 지었다.

102 노벨륨 (Nobelium, No)

 초우라늄족

원자 번호: 102
원자 질량: (259)
발견: 1966년 플레로프 외
이름: 과학자 노벨

인공 방사성 원소

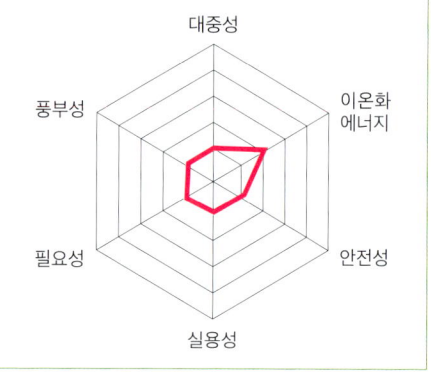

노벨륨은 발견과 합성에서 논란이 많은 원소이다. 1957년에 노벨 물리학 연구소에서 102번 원소를 만들었다고 주장해서 노벨륨으로 이름이 지어졌으나 이 발견은 잘못된 것으로 밝혀졌다. 1958년에는 로렌스 버클리 국립연구소에서 중이온 가속기를 이용해 퀴륨에 탄소 이온을 충돌시켜 만들었다고 했으나 확실한 증거를 제시하지 못했다.

계속된 연구 끝에 러시아의 합동원자핵 연구소에서 우라늄에 네온이온을 충돌시키고 아메리슘에 질소이온을 충돌시켜 1966년에 설득력 있는 결과를 내놓았다.

버클리 팀은 자신들의 연구가 맞았다고 처음 발견자로 인정해줄 것을 요구했으나 1992년에 IUPAC에서 1966년에 러시아 두브나 팀이 제대로 검출했다고 결론짓고 노벨륨의 공식 발견자로 인정했다. 수십 년간 각자 제안한 원소명을 주장하다가 1997년에 노벨륨으로 확정되었다.

알프레드 노벨 - 다이너마이트를 발명한 스웨덴의 과학자 노벨의 이름을 따서 노벨륨이라고 지었다.

103 로렌슘 (Lawrencium, Lr)

 초우라늄족

원자 번호: 103
원자 질량: (266)
발견: 1961년 기오르소외, 1965년 플레로프 외
이름: 과학자 로렌스

인공 방사성 원소

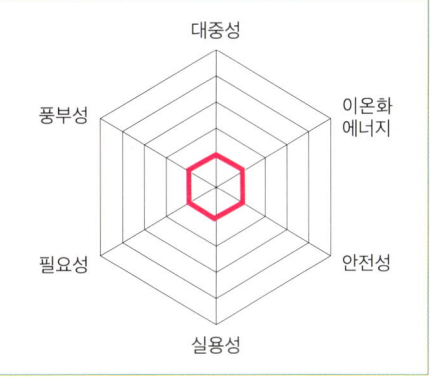

로렌슘은 1961년 로렌스 버클리 국립연구소에서 캘리포늄에 붕소 이온을 충돌시켜서 만들었다고 발표한 뒤 1965년에는 두브나 합동원자핵 연구소에서 아메리슘에 산소 이온을 충돌시켜 만들었다고 발표했다. 1967년에는 두브나 팀이 '러더포듐'이라는 이름을 제안했다.

두 연구팀은 서로 오류를 찾아내며 계속된 추가 실험으로 논란이 계속되었으나 1992년에 IUPAC에서 두브나와 버클리 두 팀 모두 공동발견자로 공식 인정했고 2015년에는 로렌슘의 이온화 에너지 측정에 성공했다.

어니스트 로렌스 - 사이클로트론의 발명자인 미국의 과학자 로렌스의 이름을 따서 로렌슘이라고 지었다.

알베르트 기오르소와 공동발견자들 - 기오르소는 1961년 4월 주기율표를 업데이트하여 기호 "Lw"를 원소 103으로 쓰고 공동발견자인 래티머(Latimer), 시켈랜드(Sikkeland), 라쉬(Larsh)(왼쪽에서 오른쪽으로)가 바라보고 있다. 현재는 로렌슘의 원소기호를 'Lr'로 사용한다.

 러더포듐 (Rutherfordium, Rf)

- **원자 번호**: 104
- **원자 질량**: (267)
- **발견**: 1964년 플레로프, 기오르소 외
- **이름**: 과학자 러더포드

인공 방사성 원소

러더포듐은 1964년에 구소련의 합동원자핵 연구소에서 플레로프 연구진이 플루토늄에 네온이온을 충돌시켜서 합성했다고 발표하며 원소 이름을 쿠르차토븀이라 지었다. 1969년에 미국의 기오르소 연구팀도 캘리포늄에 탄소이온을 충돌시켜 합성에 성공하며 원소명은 러더포듐이라고 명명했다. 두 연구팀의 주장이 서로 충돌하면서 1992년에 IUPAC에서 두브나와 버클리 두 팀을 공동발견자로 결론지었다. 두 이름을 함께 사용하다가 1997년에 러더포듐으로 이름이 확정되었다.

어니스트 러더퍼드 - 원자핵을 발견한 뉴질랜드 출신 과학자 러더퍼드의 이름을 따서 러더포듐이라고 지었다.

이고르 쿠르차토프 - 소련의 물리학자로 '러시아 원자 폭탄의 아버지'로 불릴 정도로 러시아의 원자력 산업에서 중요한 역할을 해서 합동원자핵 연구소에서는 새로 발견한 104번 원소 이름을 쿠르차토븀이라고 지었으나 결국 러더포듐으로 결정되었다.

105 더브늄 (Dubnium, Db)

 초우라늄족

원자 번호: 105
원자 질량: (268)
발견/이름: 1970년 플레로프, 기오르소 연구진
이름: 러시아 두브나 시

`인공 방사성 원소`

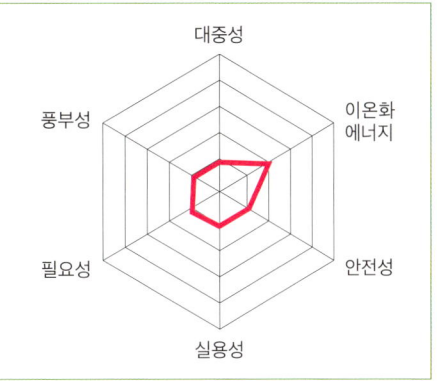

더브늄은 1968년에 플레로프 연구진이 입자 가속기로 아메리슘에 네온 이온을 충돌시켜 만든 방사성 원소로 원소 이름을 덴마크의 물리학자 닐스 보어의 이름을 따서 닐스보륨으로 지었다.

1970년에 미국의 기오르소 연구팀도 캘리포늄에 질소이온을 충돌시켜 합성에 성공하고 원소 이름을 독일의 화학자 오토 한의 이름을 따서 하늄이라고 지었다.

최초 발견자에 대한 논란이 일자 1992년에 IUPAC에서 1970년에 한 두 연구팀의 실험을 최초로 확실히 성공한 실험으로 보고 두 팀을 공동발견자로 결론지었다. 두 이름을 함께 사용하다가 1997년에 구소련 합동원자핵연구소가 있는 지역의 이름을 딴 더브늄으로 확정되었다.

러시아 두브나 주 깃발. 합동원자핵연구소가 있는 도시 두브나 이름을 따서 더브늄이라고 지었다.

106 시보귬 (Seaborgium, Sg)

 초우라늄족

원자 번호: 106
원자 질량: (269)
발견: 1974년 기오르소 연구진
이름: 과학자 시보그

인공 방사성 원소

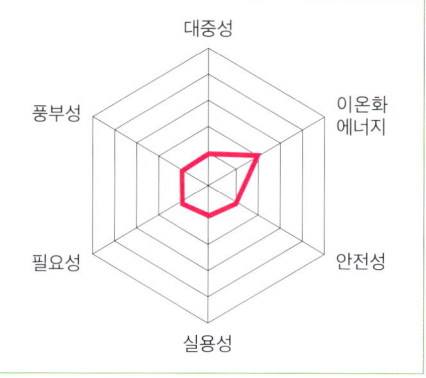

시보귬은 1974년에 러시아의 플레로프 연구진이 저온핵융합반응으로 납에 크롬 이온을 충돌시켜 만든 방사성 원소이다. 같은 해에 미국의 기오르소 연구팀이 초중이온 선형가속기로 캘리포늄에 산소 이온을 충돌시켜 합성에 성공했다.

최초 발견자에 대한 논란이 일자 1993년에 IUPAC에서 기오르소 연구팀 실험 결과가 더 설득력이 있다 하여 공식 발견자로 인정했다.

1997년에 여러 초우라늄 원소를 발견한 미국의 과학자 시보그의 이름을 따서 시보귬이라고 지었는데 살아 있는 과학자의 이름이 사용된 최초의 원소이다.

글렌 시보그가 주기율표에서 자신의 이름을 딴 원소를 가리키고 있다. - 미국의 핵화학자로 여러 초우라늄 원소를 발견한 공로를 인정하여 106번 원소 이름을 시보귬이라고 지었다.

107 보륨(Bohrium, Bh)

 초우라늄족

원자 번호: 107
원자 질량: (270)
발견/이름: 1981년 아름부르스터 연구팀
이름: 과학자 보어

인공 방사성 원소

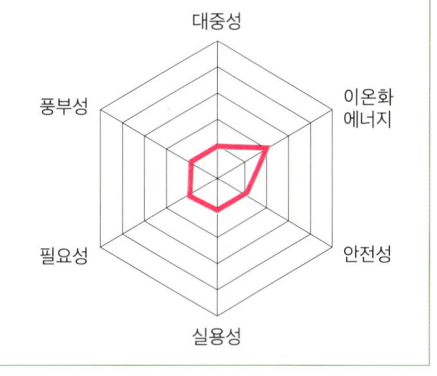

보륨은 독일의 중이온 연구소에서 중이온 선형가속기로 비스무트에 크롬이온을 충돌시켜 합성한 방사성 원소로 닐스 보어를 기리기 위해 닐스 보륨이라는 이름을 제안했으나 보륨으로 확정되었다. 1970년대 후반에 러시아의 합동 원자핵 연구소의 연구팀이 이 원소를 발견했다고 주장했지만 받아들여지지 않았고 1981년에 중이온 연구소에서 보륨 원자가 만들어져 공식 발견으로 인정받았다.

러시아와 미국 연구팀이 아닌 다른 연구소에서 처음으로 발견된 초우라늄 원소이다.

닐스 보어 - 양자역학의 기초를 닦은 덴마크의 과학자로 그의 이름을 따서 보륨이라고 지었다.

108 하슘 (Hassium, Hs)

초우라늄족

원자 번호: 108
원자 질량: (277)
발견: 1984년 아름부르스터, 뮌첸베르크 연구팀
이름: 독일 헤센 주의 라틴어 이름 'Hassia'

인공 방사성 원소

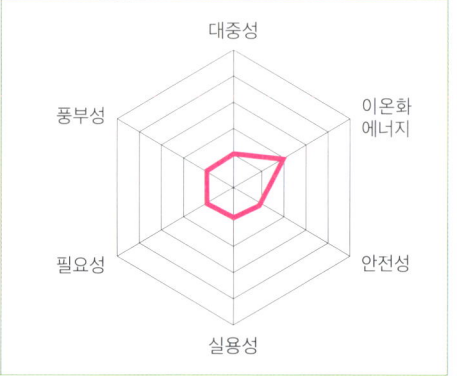

하슘은 독일의 중이온연구소에서 아름부르스터가 이끄는 연구팀이 중이온 선형가속기로 납에 철 이온을 충돌시켜 합성한 방사성 원소이다. 첫 시도는 1978년 러시아의 합동원자핵연구소에서 시작되었으나 확실한 합성은 중이온 연구소에서 이루어졌다. 휘발성이 높은 사산화하슘을 합성하여 화합물이 알려진 원소 중에서 가장 원소 번호가 큰 원소가 되었다.

헤센 주 문장 - 중이온연구소가 있는 독일의 헤센 주 이름을 따서 하슘이라 지었다.

109 마이트너륨 (Meitnerium, Mt)

 초우라늄족

원자 번호: 109
원자 질량: (278)
발견: 1982년 아름부르스터 연구팀
이름: 과학자 마이트너

인공 방사성 원소

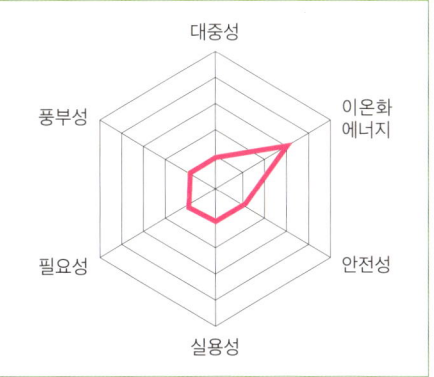

마이트너륨은 독일의 중이온 연구소에서 비스무트에 철 이온을 충돌시켜 합성에 성공한 방사성 원소로 단 1개의 원자를 검출하고 정확히 확인했다. 우라늄의 핵분열 과정을 밝혀내 4번이나 노벨상 후보에 올랐지만 결국 수상하지 못한 오스트리아의 물리학자 리제 마이트너를 기리기 위해 마이트너륨으로 이름이 확정되었다.

리제 마이트너 - 오스트리아의 과학자 마이트너의 이름을 따서 마이트너륨이라고 지었다.

110 다름슈타튬 (Darmstadtium, Ds)

 초우라늄족

원자 번호: 110
원자 질량: (281)
발견/이름: 1994년 호프만 연구팀
이름: 독일 도시 'Darmstadt'

`인공 방사성 원소`

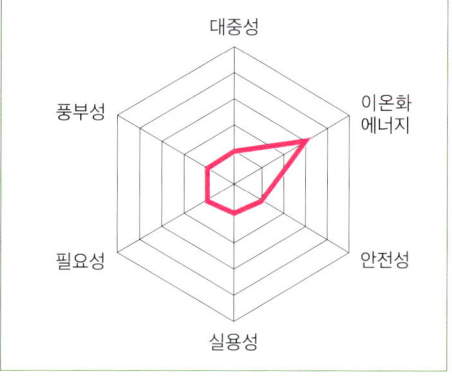

다름슈타튬은 독일의 중이온연구소에서 납에 니켈 이온을 충돌시켜 만든 방사성 원소이다. 1994년 이후 미국의 로렌스버클리 연구소에서 비스무트에 코발트 이온을 충돌시켜 합성하고 러시아 합동원자핵연구소에서는 플루토늄에 황이온을 충돌시켜 다름슈타튬을 합성해 세 곳의 연구진이 각각 보고하였으나 독일 중이온 연구진이 첫 발견자로 공식 인정받았다.

다름슈타트 깃발. 중이온연구소가 있는 도시 다름슈타트 이름을 따서 다름슈타튬이라고 지었다.

1626년 다름슈타트

 # 뢴트게늄 (Roentgenium, Rg)

 초우라늄족

원자 번호: 111
원자 질량: (282)
발견: 1994년 호프만 연구팀
이름: 과학자 뢴트겐

인공 방사성 원소

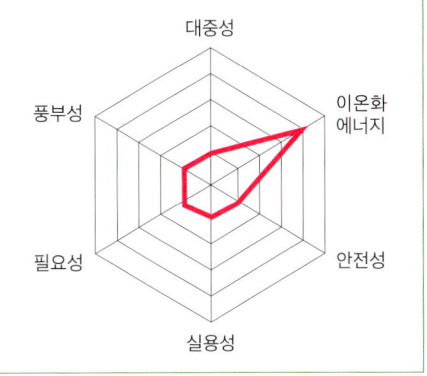

뢴트게늄은 독일의 중이온연구소에서 중이온 선형가속기로 비스무트에 니켈 이온을 충돌시켜 만든 방사성 원소이다.

1895년에 뢴트겐이 X-선을 발견하고 100년이 지난 후에 이를 기념하기 위해 합성이 발표된 이 원소에 뢴트겐의 이름을 붙였다.

빌헬름 뢴트겐 - X-선을 처음 발견한 독일의 과학자 뢴트겐의 이름을 따서 뢴트게늄이라고 지었다.

 코페르니슘 (Copernicium, Cn)

원자 번호: 112
원자 질량: (285)
발견/이름: 1996년 호프만 연구팀
이름: 과학자 코페르니쿠스

인공 방사성 원소

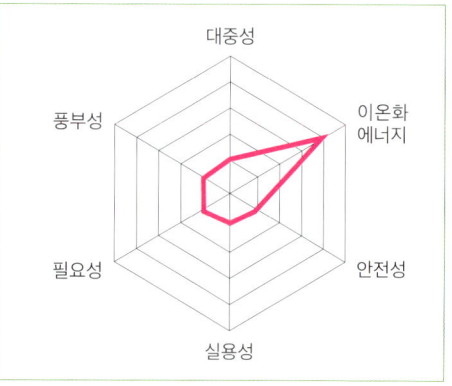

코페르니슘은 독일의 중이온연구소에서 호프만 연구팀이 납에 아연 이온을 충돌시켜 만든 방사성 원소이다. 이후 다른 여러 연구팀에서도 코페르니슘을 합성하고 확인하였다.

2010년에 코페르니쿠스 탄생 537주년을 기념하여 코페르니쿠스의 생일인 2월 19일에 맞춰 112번 원소의 영어명을 발표했다.

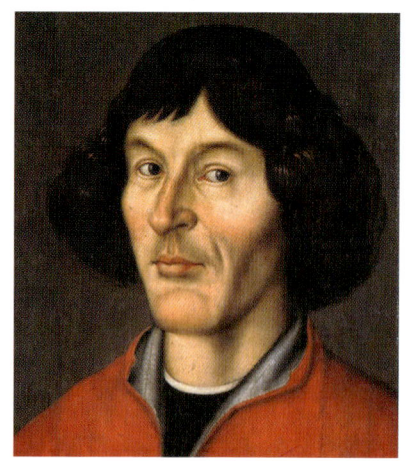

니콜라우스 코페르니쿠스 - 지동설을 주장한 코페르니쿠스의 이름을 따서 코페르니슘이라고 지었다.

113 니호늄(Nihonium, Nh)

 초우라늄족

원자 번호: 113
원자 질량: (286)
발견: 2004년 이화학연구소 연구팀
이름: 일본 'Nihon'

인공 방사성 원소

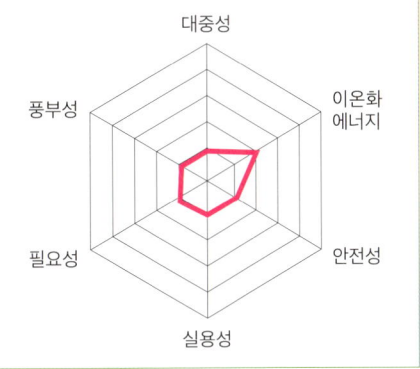

니호늄은 일본의 이화학연구소에서 선형가속기로 비스무트에 아연 이온을 충돌시켜 만든 방사성 원소이다. 한 개의 원자가 생성되어 아주 잠깐 존재하다가 붕괴되었다. 모스코븀의 $α$붕괴 생성물로도 발견되었다.

2016년에 원소명을 인정받아 아시아에서 최초로 이름 지어진 원소이다.

다이쇼 시대 이화학 연구소

 플레로븀(Flerovium, Fl)

원자 번호: 114
원자 질량: (289)
발견/이름: 1998년 합동원자핵연구소와 로렌스 리버모어 국립연구소 연구팀
이름: 과학자 플레로프

인공 방사성 원소

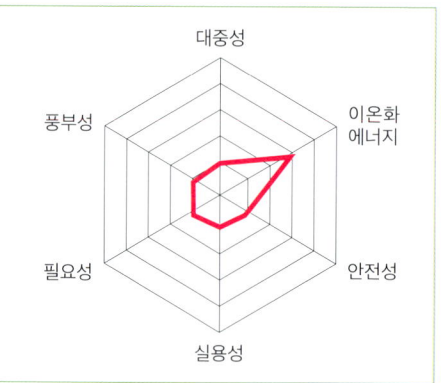

플레로븀은 러시아 두브나 합동원자핵 연구소와 미국 로렌스 리버모어 국립연구소의 합동 연구로 플루토늄에 칼슘 이온을 충돌시켜 만든 방사성 원소이다. 합동원자핵연구소를 설립한 플레로프의 이름을 따서 플레로븀이라고 지었다고 알려져 있으나 실제로는 플레로프 핵반응연구소의 이름을 따서 지었다.

2013년에 발행된 러시아의 우표 - 게오르기 플레로프와 플레로븀에 헌정되었다.

115 모스코븀(Moscovium, Mc)

 초우라늄족

원자 번호: 115
원자 질량: (289)
발견: 2003년 미, 러 공동연구팀
이름: 러시아 모스크바 주

인공 방사성 원소

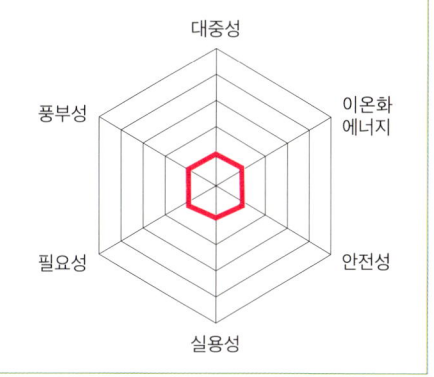

모스코븀은 러시아의 합동원자핵연구소에서 러시아, 미국 공동연구팀이 아메리슘에 칼슘 이온을 충돌시켜 만든 방사성이 아주 강한 인공 원소로 2003년에 합성에 성공하고 2004년에 발표했다.

모스코븀이 합성된 후 0.1초만에 알파 붕괴하면서 니호늄이 만들어지면서 니호늄까지 발견하게 되었다. 2015년 말에 국제 순수 응용화학연합에서 발견을 공식적으로 인정하고 2016년에 원소명이 모스코븀으로 확정되었다.

<모스크바 붉은 광장 성 바실리 대성당> 표도르 알렉세예프의 그림 - 합동원자핵연구소가 위치한 모스크바주의 이름을 따서 모스코븀이라고 지었다.

116 리버모륨 (Livermorium, Lv)

 초우라늄족

원자 번호: 116
원자 질량: (293)
발견/이름: 2000년 미, 러 공동연구팀
이름: 로렌스 리버모어 국립연구소

인공 방사성 원소

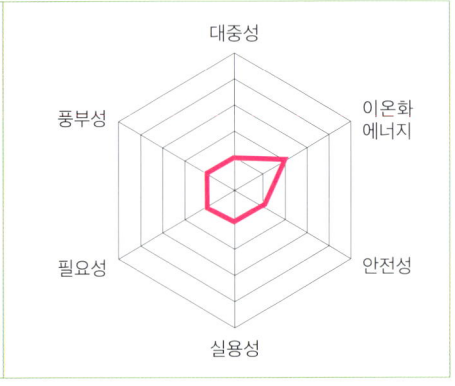

리버모륨은 러시아의 합동원자핵연구소와 미국의 로렌스 리버모어 국립연구소의 합동으로 퀴륨에 칼슘 이온을 충돌시켜 만든 방사성 원소로 2000년에 원자 1개가 검출된 후부터 2006년 사이에 여러 실험을 걸쳐 리버모륨의 발견을 공식적으로 인정하게 되었다.

공동 연구팀 중 하나이면서 새로운 원소 발견에 공헌을 한 로렌스 리버모어 국립연구소의 이름을 따서 리버모륨으로 이름을 지었고 2012년에 원소명이 채택되었다.

로렌스 리버모어 국립연구소 - 공동 연구팀 중 하나인 이 국립연구소의 이름을 따서 리버모륨이라고 지었다

117 테네신 (Tennessine, Ts)

초우라늄족

원자 번호: 117
원자 질량: (294)
발견/이름: 2010년 미, 러 공동연구팀
이름: 미국의 테네시 주

인공 방사성 원소

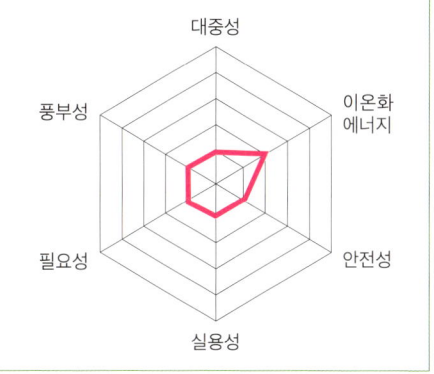

테네신은 러시아의 합동원자핵연구소와 러시아 미국 공동연구팀이 입자가속기로 버클륨에 칼슘 이온을 충돌시켜 만든 인공 원소이다. 2009년에 합성 실험을 시작하고 2010년에 발표했다. 2015년 말에 국제순수응용화학연합에서 발견을 공식적으로 인정하고 2016년에 원소명이 테네신으로 확정되었다.

공동 연구팀 중 하나인 오크리지 국립연구소가 위치한 미국의 테네시 주의 이름을 따서 테네신이라고 지었다.

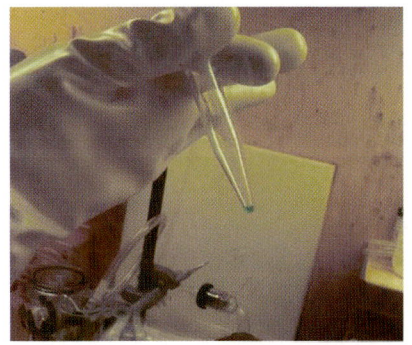

핵 합성에 이용하는 버클륨 타겟 - 테네신은 버클륨에 칼슘 이온을 충돌시켜 만든다.

118 오가네손 (Oganesson, Og)

 초우라늄족

원자 번호: 118
원자 질량: (294)
발견/이름: 2006년 합동원자핵연구소와 로렌스리
 버모어 국립연구소
이름: 과학자 오가네시안
인공 방사성 원소

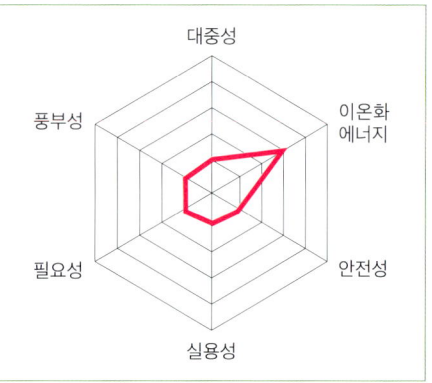

오가네손은 러시아의 합동원자핵연구소와 미국의 로렌스리버모어 국립연구소의 공동연구팀이 캘리포늄에 칼슘 이온을 충돌시켜 만든 인공 원소이다. 2015년 말에 국제순수응용화학연합에서 발견을 공식적으로 인정하고 2016년에 원소명이 오가네손으로 확정되었다.

비활성 기체로 현재까지 발견된 원소 중 가장 원자량이 크다. 현재까지 인류가 만든 가장 비싼 물질이라고 한다.

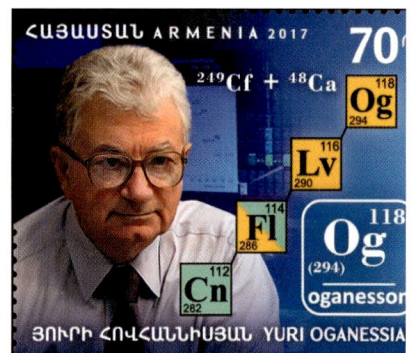

아르메니아 우표 - 오가네시안과 오가네손의 붕괴사슬이 그려져 있다. 새로운 원소 연구에 공헌한 러시아의 오가네시안의 이름을 따서 오가네손이라고 지었다.

■ 참고 도서

<금속의 세계사 : 인류의 문명을 바꾼 7가지 금속 이야기> 김동환, 배석 다산북스 2015

<누구나 쉽게 배우는 원소> 일동서원본사 지브레인 2013

<머릿속에 쏙쏙! 원소노트> 도쿄대학교 사이언스커뮤니케이션 동아리 cast 시그마북스

<사진으로 이해하는 원소의 모든 것. 빅퀘스천 118원소> 잭 첼리너 지음 지브레인 2022

<아름다운 원소 118> 오시마 켄이치 지브레인 2018

<원소가 뭐길래> 정홍제 다른 2017

<원소 : 세상을 이해하는 가장 작지만 강력한 이야기> 필립 볼 휴머니스트 출판그룹 2021

<원소 이야기 : 물, 불, 흙, 공기부터 우리의 몸과 문명까지 세상을 만들고 바꾼 118개 원소의 특별한 연대기> 팀 제임스 한빛비즈 2022

<원소 주기율표 : 교과서 개념에 밝아지는 배경지식 이야기> 제임스 러셀 키출판사 2019

<주기율표를 읽는 시간> 김병민 동아시아 2020

<출출할 땐 주기율표> 곽재식 초사흘달 2024

<캐릭터로 배우는 재미있는 원소 생활> 요리후지 분페 이치 2011

<118 원소들의 live 케미스트리> 홍영식 북스힐 2019

■ 참고 사이트

국가 희소금속 센터 www.koram.re.kr

국립중앙박물관

네이버 지식백과 화학원소

대한화학회 https://kchem.org/

LG 케미토피아

위키백과

한국과학기술연구원 공식블로그

◼ 이미지 저작권

29p 다이버 - 김동혁

31p 등속조인트, 38p 에어로 바이크, 52p 타이어 휠, 허브 스페이스, 70p 자동차 크랭크, 78p 자전거 부속, 110p 자전거 - 김요한

33p 스피커, 84p 가스 배관, 183p 금목걸이, 191p 스프링클러 - 유광석

84p 황동 장식품들 - 최하은

102p 시계, 201p 카메라 렌즈 - 최준규

그 외 생활용품 사진 - 김용희

이 외의 이미지는 freepik.com과 wikimedia의 Public domain입니다.

모든 이미지의 저작권을 존중하며 출처를 가능한 한 명시하였습니다. 추후 누락된 사항이 확인되면 재쇄 인쇄 시 수정하겠습니다